无线紫外光通信网络技术

赵太飞 郭 磊 著

科学出版社

北 京

内 容 简 介

本书详细介绍无线"日盲"紫外光通信的信道特性,分析无线紫外光通信中的调制和分集接收技术,讨论网络拓扑中的覆盖算法和连通性,并将无线紫外光通信网络技术应用在编队通信过程中,重点研究无人机编队的网络连通性和直升机编队的网络通路快速恢复算法。

本书可作为高等院校通信工程、电子信息等相关专业的高年级本科生、研究生的教学用书,也可作为研究人员和工程技术人员通信网络设计和系统开发的参考用书。

图书在版编目(CIP)数据

无线紫外光通信网络技术/赵太飞,郭磊著. —北京:科学出版社,2020.11

ISBN 978-7-03-066905-6

Ⅰ. ①无… Ⅱ. ①赵… ②郭… Ⅲ. ①紫外线通信 Ⅳ. ①TN929.1

中国版本图书馆 CIP 数据核字(2020)第 224022 号

责任编辑:宋无汗 / 责任校对:杨 赛
责任印制:张 伟 / 封面设计:陈 敬

科 学 出 版 社 出版
北京东黄城根北街 16 号
邮政编码:100717
http://www.sciencep.com

北京中石油彩色印刷有限责任公司 印刷
科学出版社发行 各地新华书店经销

*

2020 年 11 月第 一 版 开本:720×1000 B5
2021 年 1 月第二次印刷 印张:13 3/4
字数:277 000

定价:108.00 元
(如有印装质量问题,我社负责调换)

前　言

　　随着信息科技的发展,现代化通信技术在军事以及日常生产和生活中扮演着越来越重要的角色。在复杂的地理环境下,传统的通信方式已经不能满足人们日益增长的通信需求。光的直线传播使无线光通信的应用范围受到了一定的限制,而"日盲"紫外光可以利用大气散射实现非直视通信,能够有效弥补其他无线光通信的不足。无线 Mesh 网络结构与紫外光通信都具有较强的优势,将无线 Mesh 网络与紫外光通信相结合,紫外光通信借助无线 Mesh 网络的多跳传输性能,扩大了信息传输的有效范围,较好地解决了无线紫外光通信传输距离有限的问题。本书系统地研究无线紫外光通信网络拓扑中的连通性和覆盖算法,重点分析无线紫外光组网中编队网络连通性和通路恢复问题。

　　本书对无线紫外光组网通信的相关理论进行了深入的探索,介绍无线紫外光通信的原理及分类,分析紫外光通信的组网技术、网络连通性和网络覆盖算法,并将此理论应用于无人机编队通信中,进一步解决无人机编队中的隐秘通信问题。

　　本书共 7 章,涉及无线紫外光通信网络的理论基础、无线紫外光调制和分集接收、无线紫外光网络拓扑控制以及组网的连通性和覆盖算法等。在理论分析的基础上,提出硬件系统的设计方案以及无线紫外光的编队通信方法。

　　本书第 1～4 章由西安理工大学赵太飞教授编写,第 5～7 章由重庆邮电大学郭磊教授编写,全书由赵太飞教授统稿。书中相关研究内容是西安理工大学无线光通信与网络研究中心的集体研究成果,金丹、雷洋飞、包鹤、刘园、官亚洲、王秀峰、杨黎洋、李琼、王玉、高英英等参与了有关课题的研究。北京邮电大学张杰教授、西安理工大学柯熙政教授一直关心和支持作者的研究工作,提出了许多宝贵的意见,在此表示深切的谢意!

　　本书的相关工作得到了国家自然科学基金项目(61971345、U1433110、61001069)、陕西省重点产业链创新计划项目 (No.2017ZDCXL-GY-06-01,No.2017ZDCXL-GY-05-03)、陕西省科技计划工业公关项目(2014K05-18)、陕西省教育厅服务地方专项计划项目(No.17JF024)、西安市科学计划项目[CXY1835(4)]、西安市碑林区科技计划项目(GX1921)等项目的支持，在此一并表示感谢。

　　本书是作者进行无线紫外光通信网络技术研究工作的初步总结，由于水平有限，书中难免存在不妥之处，恳请读者不吝指正。

目　　录

第1章　无线紫外光通信网络基础

紫外光(ultraviolet, UV)探测技术[1]早在 20 世纪 50 年代就得到了开发和利用。经过长期的研究、实验和发展，目前紫外光探测技术已经广泛应用于军事和民用领域。无线紫外光通信是利用紫外光在大气中的散射来进行信息传输的一种新型通信模式。地球大气中的臭氧层对太阳光中波长为 200～280nm 的紫外光有强烈吸收作用，使得这一波段的紫外光辐射在近地平面附近几乎为零，因此该波段被称为"日盲区"[2]。无线紫外光通信主要采用日盲波段的紫外光作为信息传输的载体，利用大气中的分子、气溶胶、灰尘等微粒对紫外光的散射[3]进行信息传递。与传统的通信方式相比，无线紫外光通信具有抗干扰能力强、全方位性、可用于非直视(non-line-of-sight, NLOS)[4]通信以及无需捕获、瞄准和跟踪(acquisition, pointing and tracking, APT)[5]等优点，具有广泛的应用前景。无线紫外光通信技术已广泛应用于医疗卫生、商业防伪和火灾探测等民用领域[6]，在军事领域的应用主要包括紫外制导、紫外告警[7]和无线紫外光通信，还可广泛应用于海陆空三军专用局域军事保密通信，或在特定条件下作为其他通信手段的一种补充，对未来战争、现代化国防具有特殊的使用价值和实际意义。

无线 Mesh 网络(wireless Mesh network, WMN)[8]是随着无线通信技术的快速发展而出现的一种新型网络，具备自组织、自愈合、高健壮、高带宽的特性[9]，由于其具有较高的应用价值和广阔的应用前景，已经成为学术界研究的热点问题之一。WMN 结构与无线紫外光通信各自具有较强的优势，将两者相结合，在网络的各个节点间利用日盲紫外光进行通信，因此而组成的无线紫外光通信网络具有较好的性能。在此网络中，无线紫外光通信借助 WMN 的多跳传输性能扩大了信息传输范围，较好地解决了无线紫外光通信传输距离有限的问题。

1.1　绪　　论

紫外光是电磁波谱中波长为 10～400nm 辐射的总称，如图 1.1 所示。根据波长的变化，将紫外光分为以下四个波段[10]：近紫外光(near ultraviolet, NUV)，波长为 400～315nm；中紫外光(middle ultraviolet, MUV)，波长为 315～200nm；远紫外光(further ultraviolet，FUV)，波长为 200～100nm；超紫外光(extreme ultraviolet, EUV)，波长为 100～10nm。根据波长将紫外光划分为三种射线，其中波长在 400～315nm、315～280nm、280～10nm 范围内分别被划分为 A 射线、B 射线和 C 射线(简称 UVA、UVB 和 UVC)。波长小于 200nm 的紫外光被大气中的臭氧强烈吸收，因此只适用于真空条件下的研究与应用，被称为真空紫外；波长大于 280nm 的波段，因为辐射太强，所以多数光学系统性能受到限制。如图 1.1 中紫外光包括部分波长在 280～200nm 的 UVC 和波长在 315～280nm 的 UVB，无线紫外光通信常指利用中紫外波段的 UVC(280～200nm)进行通信。

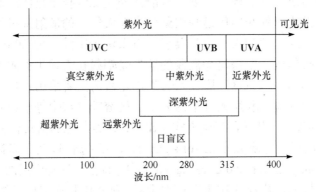

图 1.1　紫外光光谱图[10]

无线紫外光通信是利用大气中的分子、气溶胶等微粒的散射作用进行信息传输[11]。紫外光通信的原理图如图 1.2 所示[12]。

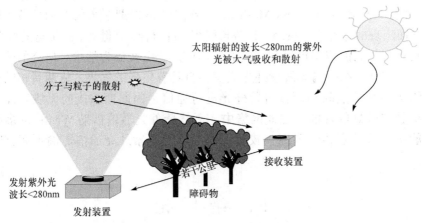

图 1.2　紫外光通信的原理图[12]

无线紫外光通信的基本原理是将紫外光作为信息传输的载体，把需传输的信息加载到紫外光上，以实现信息的发送和接收。紫外光在大气中传播时产生电磁场，使大气粒子所带电荷产生振动，受迫振动的分子和粒子成为新的点光源并向外辐射次级波。辐射出的次级波在均匀介质中具有相干性，但在低空大气中，子波间的固定相位关系会被破坏，从而使紫外光向各个方向传播，各个方向的光均与原来的光频率相同，且与前一级次级波源有固定相位差。因此，散射后的紫外光信号都能保持原来的信息。只要信号经过散射后能到达光接收装置的视场范围，双方即可进行通信。由此可见 NLOS 方式的通信适合障碍物多、作战环境复杂、作战隐蔽性强的场合，具有重要的战略意义。

无线紫外光通信通过信号在大气中的散射进行通信，和其他的通信方式相比，有如下几个优点[13]。

(1) 低窃听率：由于大气分子、悬浮颗粒等粒子的散射和吸收作用，紫外光信号在传输过程中的能量衰减很快，信号强度按照指数的规律衰减。信号强度的指数衰减是与通信距离有关的函数，换句话说，若一个无线紫外光通信系统的通信距离是 2km，那么在 2km 之外就探测不到紫外光信号。利用这一点可以根据距离的要求调整通信系统的发射功率，因此，敌方就不易截获紫外光信号。

(2) 低位辨率：一方面，紫外光用肉眼无法看到，在通信时，难以用肉眼找到发射光源的位置；另一方面，无线紫外光通信是一种散射通信，难以从散射信号中判别信号源的位置。

(3) 强抗干扰能力：无线紫外光通信采用"日盲"波段的紫外光波段作为信息传输的载体，臭氧分子对太阳光中该波段的强烈吸收，使得低空大气中该波段的光谱很少，因此，通信环境可以近似为无背景噪声环境。因为无线紫外光在大气中的衰减极大，所以敌方不能采用传统意义上的干扰方式对我方进行干扰。

(4) NLOS 通信：由于大气分子对无线紫外光信号的散射作用，信号可以通过散射的形式到达接收端，从而绕过障碍物通过 NLOS 方式进行信息传播。无线紫外光通信的 NLOS 特性克服了其他自由空间光通信必须采用直视(line-of-sight, LOS)方式的弱点。

(5) 全方位全天候工作：无线紫外光不仅可以进行定向通信，也可以通过散射的形式进行 NLOS 通信，能够克服复杂的地形并能绕过山地、丘陵和楼宇等障碍物。由于气候和地形地貌的变化，可见光、红外等通信方式的性能受到很大的限制，但是对于无线紫外光通信来说，在复杂多变的地貌或者气候恶劣的条件下都可以顺利进行通信。一般采用 200～280nm 的波长范围进行无线紫外光通信，由于地表在这个波段的辐射少，因此日光对通信系统的影响非常小，可以不分昼夜地进行工作。

(6) 无需 APT：无线紫外光通过散射进行信息传输，发送端以某一角度发射信号，接收端以某一角度接收信号，发送端和接收端在空间会形成一个共同的区域，称为有效散射体，信号经过有效散射体的散射后到达接收端。因此，只要接收端在发送端的覆盖范围之内，接收端就可以接收到无线紫外光信号。

综上所述，无线紫外光 NLOS 通信适合有障碍物、隐蔽性强和作战环境复杂的场合，因此，世界各大军事强国都非常重视无线紫外光通信系统的研究。

1.2　无线紫外光通信网络的研究现状

无线紫外光通信的两类通信方式分别为 LOS 通信和 NLOS 通信[14]。本章主要研究是 NLOS 通信，即网络中的每个节点均采用 NLOS 通信。Li 等[15]采用紫外 LED 阵列作为信息的载体，利用多维度空间复用设计了一种基于紫外光户外通信-介质访问控制(ultraviolet outdoor communications-medium access control, UVOC-MAC)协议，实现了高吞吐量的深紫外户外通信网络。由于紫外光独特的传播特性，Li 等[16]提出了一种适用于紫外光点对点(Ad hoc)网络的邻居发现协议，通过各个方向的信用表统计保证节点可以预测其邻居节点的最佳位置和发射方向。Vavoulas 等[17]研究了无线紫外光 NLOS 网络的连通性问题，分析了采用二进制启闭键控(on-off keying, OOK)和脉冲位置调制(pulse position modulation, PPM)且噪声为高斯分布和泊松分布的模型下，网络参数(节点密度、误码率等)对网络连通概率的影响。因此，多跳网络是解决无线紫外光网络传输距离受限的方法，若要成功建立一个所需的紫外光网络，就要对误码率、连通度和覆盖范围做一个合适的权衡。Vavoulas 等[18]还讨论了多跳紫外光网络中孤立节点的概率，分析了调制方式对孤立节点概率的影响，确定当孤立节点的概率接近 0 时，采用 PPM 方式所需要的节点数目比 OOK 调制方式的少。因此在一个特定的范围内，采用一个有效的调制方式可以减少节点的数目。何华等[19]通过三边定位算法实现在无线"日盲"紫外光网格网中的节点坐标定位，也验证了可以通过选择合适的收发仰角减小定位的误差。赵太飞等[20]将无线 Mesh 网络和"日盲"无线紫外光通信技术结合起来，弥补了无线紫外光通信发射功率受限的不足，突出了紫外光散射通信的全方位性、高保密性和强抗干扰能力的优势。这两者的结合也存在一些技术难点，如定向转发模型的建立、单向链路的路由技术和路由的可靠性等。Li 等[21]采用 365nm 的紫外 LED 为光源，实验分析了传输速率分别为 2.4Kbps、4.8Kbps 和 9.6Kbps 时，接收仰角和调制方式对系统误码率的影响，得出在一些具体情况下，最合适的接收仰角和调制方式。吴朝烨等[22]为了解决紫外光网络中节点能量受限和节点间相互干扰的问题，在保证用户通信服务质量(quality of service, QoS)的前提下，利用现场可编程逻辑门阵列(field programmable gate array, FPGA)设计实现了紫外光通信 MAC 层功率控制方案，为紫外光组网通信奠定了基础。杨刚等[23]根据紫外光 NLOS 通信的特点，提出了基于时分多址接入的紫外光定向邻居发现算法，解决了节点冲突问题，通过找出最佳退避时延来平衡邻居发现时延和节点冲突发生的概率。Zhao 等[24]考虑了空间角度与紫外光 NLOS 信道干扰模型，给出了冲突矩阵的定义，设计实现了一种基于粒子群的定向、快速信道分配方法。2017 年，Ardakani 等[25]分析了对数正态湍流下具有解码转发中继功能的多跳紫外光通信系统的信道衰落，推导得到紫外光 NLOS 链路中湍流衰落的概率密度函数的封闭形式表达式，并仿真验证了该表达式的正确性。

西安理工大学光电技术实验室的柯熙政、赵太飞等带领其团队对无线紫外光通信理论及其组网技术等方面进行了深入研究[19,20,24,26-29]，主要研究成果包括无线紫外光语音和图像通信系统平台的搭建，无线紫外光通信覆盖范围模型的分析及计算，复杂环境中直升机应急起降的无线紫外光引导技术，无线紫外光网络接入与信道分配，多维度、多节点无线紫外光网络的构建等。此外，国内外对无线紫外光通信的研究涉及很多方面，如紫外光源光学器件、点对点通信模型、链路信道模型、路径损耗模型、湍流模型、调制方式等。但是由于无线紫外光通信距离受限，所以越来越多的研究聚焦到了紫外光组网通信。如何实现紫外光组网、消除组网之后链路间的干扰，如何确保网络的连通性、覆盖性、健壮性等一系列的问题成为新的研究重点。

1.3　无线紫外光 WMN 通信关键技术

WMN 是一种新型的自组织、自愈合、高健壮、高带宽的多跳无线网络。WMN 与无线紫外光通信都具有较强的优势，两者相结合，无线紫外光通信借助 WMN 的多跳传输性能，扩大了信息传输范围，较好地解决了无线紫外光通信传输距离的局限性。无线紫外光 WMN 的典型结构是一种分级网络结构：无线 Mesh 路由器互联构成多跳无线骨干网，负责数据的中继；骨干网一般通过网关节点与其他网络互联；无线 Mesh 网络客户节点通过无线 Mesh 路由器接入到 WMN 中。

1.3.1　无线紫外光与拓扑控制理论

WMN 具有媒介低容量、高误码率、遭受多种衰落、易受干扰的特点，一定程度上会影响网络的整体性能。此外，由于节点传输功率大小的限制，通信双方往往不在相互通信的范围内，这就需要其他无线节点进行转发。基于这些情况，在设计网络拓扑时首先应该考虑采用合适的网络拓扑结构来支持多跳分组转发。一个多跳无线网络的拓扑是网络节点之间形成的连接关系，常常用图论中的图表示。传统的网络结构主要有星型结构、总线结构、树型结构、网状结构、蜂窝状结构、分布式结构以及它们之间的混合结构等。在多跳无线网络中，因为节点的移动性、无线环境和使用策略不同，连接关系不固定，所以无线网络的拓扑结构是动态的。这里节点之间的连接是指逻辑链路，而且是双向的，并且路由选择协议需根据当时的拓扑结构进行选择。

1. 拓扑控制的基本概念

拓扑控制[30]是指在满足网络覆盖度和连通性的前提下，通过功率控制和骨干网节点选择，剔除节点间不必要的通信链路，形成一个数据转发的优化网络结构。

在 WMN 中，拓扑控制是指网络拓扑随一个或者多个参数的变化而变化，这些参数包括节点的移动性、位置、信道、发射功率、天线方向等。通过拓扑控制能够在保证网络的覆盖率和连通性的前提下，降低通信所造成的干扰，提高 MAC 协议和路由协议的效率，为数据融合提供优化的拓扑结构，从而提高网络的吞吐容量、可靠性、可扩展性等性能。本章所研究的拓扑控制，主要利用功率控制机制不断地调整网络中各节点的发射功率。在调整节点功率的过程中，网络拓扑结构不断地被优化，信道的空间复用度得到提高，网络中的干扰也相应降低。当功率无法再调整时，将形成一个吞吐容量优化的拓扑结构。

2. 拓扑控制中的现有问题

拓扑的形成会受各种因素的影响，其中包括可控制因素和非可控制因素。非可控制因素包括节点的移动性、天气、噪声等，而可控制因素包括节点的传输功率、天线方向、信道分配等。研究 WMN 的拓扑控制问题，即在维持拓扑的某些全局性质的前提下，通过删除或关闭某些产生冲突可能性比较大的边，或者通过调整节点的发射功率来减少或避免通信时节点之间的冲突等问题，以降低网络干扰，进而提高网络吞吐量。拓扑控制的研究主要分为几何计算方法和概率分析方法两大类[30]。几何计算方法是指在某些几何结构的前提下构建网络拓扑，以满足某些特定的性质。概率分析方法是在节点按照某种概率密度分布并使拓扑以大概率满足某些性质的条件下，计算节点所需要的最小传输功率和最小邻居个数。

近年来，拓扑控制策略已经成为无线自组网的研究热点之一，但是目前在这个领域中尚存在着一些亟须解决的问题。首先，很多研究对于节点分布的假设过于理想化，即假设节点是均匀分布的。虽然在某些情况下这种假设是合理的，但是在大多数情况下这样的假设过于理想化。其次，当前理论研究与仿真实验所基于的无线信道模型和能量衰减模型过于简单和理想化，往往与实际的 WMN 环境差异较大，从而导致理论研究结论在实际网络环境中并不适用。因此，为了获得更加符合实际的量化结果，理论研究需要在模型的精准度和复杂度之间选取恰当的折中点。最后，当前关于拓扑控制的理论研究与算法设计通常是基于二维平面网络的前提假设，这样的假设也过于理想化。由于在网络中节点的部署具有很强的随机性和地域限制，因此三维立体空间更符合 WMN 的实际部署环境。分析与研究 WMN 的网络拓扑性质，设计相应的拓扑控制算法，也必将成为未来拓扑控制技术研究领域的趋势之一。

目前，拓扑控制的研究已经取得了初步成果，但是大多数的拓扑控制算法并没有考虑到实际应用上的诸多困难，还仅仅停留在理论研究阶段。拓扑控制还有许多需要进一步研究的问题，如探索更加实用的拓扑控制方法等。以实际应用为背景，多种机制相互融合，综合考虑网络性能将是拓扑控制研究的主流方向。

3. 拓扑控制方法的分类

无线网络中，拓扑控制是通过安排节点的位置以及节点之间的连接关系来构建性能优化的网络拓扑结构。这些性能包括吞吐量、时延、干扰、连通性、覆盖率以及节点度等。很多在移动自组织网络(mobile Ad hoc network, MANET)中研究的拓扑控制方法在 WMN 中也可以被采用。WMN 现有拓扑控制策略的研究主要分为三类，包括基于节点位置的拓扑控制、物理拓扑控制以及逻辑拓扑控制。

1) 基于节点位置的拓扑控制

随着越来越多的无线 Mesh 路由器加入到网络中，将有更多的区域能够接收到无线接入信号，网络的覆盖范围也就逐渐扩大。然而无线 Mesh 路由器的增加也会相应加大网络的构建成本，因此在研究过程中应该考虑以较少的节点数构造最大覆盖范围的网络。

2) 物理拓扑控制

物理拓扑控制主要是处理任意节点对之间建立通信链路的问题，目前主要基于网络干扰、网络连通性以及网络吞吐量三方面进行研究。

3) 逻辑拓扑控制

逻辑拓扑控制主要是通过为节点对之间选择通信信道进行的，节点对之间是一种逻辑连接关系。这类拓扑控制主要从信道分配和射频分配方面进行研究。

4. 拓扑控制的性能指标

网络拓扑的好坏严重影响网络的性能，特别是在无线网络中，拓扑结构可以随着发射功率的调整而改变。虽然发射功率小时干扰较小，但整个网络的连通度降低，严重时甚至造成网络分割；较大的发射功率会提高网络的连通度，但是带来的干扰也相应增大，因此网络的整体性能降低。显然，拓扑控制的好坏与功率的大小有着直接的关系，而拓扑结构的好坏最终也会影响 WMN 的性能。拓扑控制是减小网络冲突，降低能量消耗，延长网络生命周期的一个重要途径，它的实质是在原始网络拓扑中选择一个合适的拓扑子图作为节点间通信的路由。在 WMN 中，网络的拓扑控制与优化有着十分重要的意义，以下给出一般拓扑控制的几个性能指标。

1) 网络连通性

若网络中的一个节点发送消息，网络中的其他节点都能接收到，则网络具有连通性。拓扑控制要保证网络是连通的，这是对拓扑控制最基本的要求。拓扑控制不能使连通图变成非连通图。它的一个重要目标就是在保证网络连通性和覆盖度的前提下，尽量合理高效地使用网络资源，延长整个网络的生存时间。

2) 网络覆盖率

覆盖率是对无线网络服务质量的一种度量，在保证一定服务质量的条件下，使网络覆盖范围达到最大化，提供可靠的区域监测和目标跟踪服务。

3) 吞吐量

网络容量分析与评估是规划设计无线通信网络的基础性工作。一般而言，拓扑控制最直接的目的就是提高网络吞吐量。本章利用功率控制方式，减小发射半径或减小工作网络的规模，在节省能量的同时也可以在一定程度上提高网络的吞吐能力。

4) 网络干扰

在通信的过程中，来自相邻或附近节点的干扰是不可避免的，通过控制发射功率的大小可以减小干扰，从而提高信道的空间复用度。

根据以上分析，无线网络拓扑控制问题大体可以归纳为在满足网络覆盖率和连通性的前提下，通过功率控制和节点选择，剔除节点之间不必要的无线通信链路，尽可能合理高效地使用网络资源，形成一个高效数据转发的网络拓扑结构。

1.3.2　无线紫外光网络连通性分析

1. 网络连通性的基本概念

在一个通信网络中，节点度 $d(u)$ 是和该节点相连接的边的条数，孤立节点的节点度为空节点度，网络的最小节点度用 d_{min} 表示。网络中任意一对节点都有路径，则网络就是连通的。

2. 网络连通性问题研究意义

WMN 是研究较早，并且现在仍然是最为重要且最有吸引力的网络模型之一。由于 WMN 具有结构简单、良好的可扩展性和易于实现等优点，不仅成为许多理论研究的基础模型，而且也是许多大型多处理器并行计算机系统所采用的拓扑结构。

随着网络的结点处理器、存储器及路由器数目的增加，网络中某些结点出错的可能性也随之增加，因此，研究网络容错性就显得非常重要。近年来，国内外学者们对网络本身和容错网络路由算法都做了大量的研究。即研究当网络中某些结点出错时，剩余的正确结点之间是否能够保持通信。由于网络的特殊结构，人们在这方面的研究一直受到以下现象的困扰：由于网络节点度很低，在最坏情况下，只要两个结点出错即可破坏网络的连通性；又由于网络中存在相当多的各种类型的连通形式，在结点出错的情况下，很难保持网络的连通性。

从概率的角度来度量 WMN 的连通性和容错性是一种较好的方法。如果已知 WMN 的总节点数目和出错节点数目，通过分析每一种出错状况下 WMN 是否连通，得出总的连通次数，再除以总的出错次数，就可以求得网络连通的概率，从而对 WMN 连通性进行分析。网络的连通概率计算十分复杂，这是由于 WMN 中的节点数目往往十分庞大，可以达到几十万个甚至更多。例如，在一个拥有 N 个节点的网络中，假设有 r 个节点出错，则可能的出错情况有 C_N^r 种。假如 $N=100000$，$r=100$，此时出错的情况数目就十分庞大了（C_{100000}^{100}）。

3. 无线紫外光网络连通性的基本原理

无线紫外光多跳网络可以被表示为一个具有顶点集 V 和一组边 E[31]的无向图 G。顶点集合有基数 n 并表示一组节点，而边缘的集合对应于节点之间的无线紫外光通信(ultraviolet communication, UV-C)链接。节点度 $d(u)$ 被定义为一个节点(即在其范围内的邻节点数目)的链路数目。一个孤立的节点为一个空的节点度，G 的最小节点度 $d_{\min}$ 被定义为节点度的最小值。

由于节点被放置在固定的位置，孤立节点要尽可能减少。在通信网络中，UV-C 多跳网络的非独立的结点概率依赖于节点密度 ρ、传输范围 r_0 以及每一个 UV-C 节点[32]：

$$P(d_{\min}>0)=\left(1-\mathrm{e}^{-\pi\rho r_0^2}\right)^2 \tag{1.1}$$

在一个多跳 UV-C 网络中，每个节点有一个最小节点度($d_{\min}\geqslant k$)的概率为[33]

$$P\left(d_{\min}\geqslant k\right)=\left[1-\sum_{i=0}^{k-1}\frac{\left(\pi\rho r_0^2\right)^i}{i!}\cdot e^{-\pi\rho r_0^2}\right]^n \tag{1.2}$$

每个节点覆盖的最小范围取决于所采用的调制或编码格式。目前无线紫外光通信多采用 OOK 调制和 PPM 技术。在泊松分布和高斯噪声模型下已经获得 OOK 调制和 PPM 达到的最低覆盖范围[34]。噪声模型的选择取决于检测方法以及背景噪声程度。具体而言，当采用基于光子计数的检测法时，光检测器中的暗电流或背景照明导致噪声保持在较低水平，此时的噪声可以采用泊松噪声模型来描述；当热噪声占主导地位时，在 UV-C 波段可能存在干扰，此时的噪声可以采用高斯模型来描述。对于泊松噪声模型，OOK 调制可获得的最小节点覆盖范围为[34]

$$r_{\mathrm{OOK},P}=\alpha\sqrt{-\frac{\eta\lambda P_{\mathrm{t}}}{hc\xi R_{\mathrm{b}}\ln(2P_{\mathrm{e}})}} \tag{1.3}$$

PPM 可获得的最小节点覆盖范围为

$$r_{\mathrm{PPM},P}=\alpha\sqrt{-\frac{\eta\lambda P_{\mathrm{t}}\log_2 M}{hc\xi R_{\mathrm{b}}\ln\left(\dfrac{MP_{\mathrm{e}}}{M-1}\right)}} \tag{1.4}$$

其中，h 为普朗克常量；λ 为波长；c 为光速；η 为滤光器和光检测器量子效率；P_{t} 为发射功率；R_{b} 为数据速率；P_{e} 为错误的概率；M 为 PPM 符号的长度即调制的阶数。对于高斯噪声模型，文献[20]中 OOK 调制与 PPM 相应的模型范围分别是

$$r_{\mathrm{OOK},G}=\alpha\sqrt{-\frac{\eta P_{\mathrm{t}}}{\xi\sqrt{N_0 R_{\mathrm{b}}}Q^{-1}\left(P_{\mathrm{e}}\right)}} \tag{1.5}$$

$$r_{\mathrm{PPM},G}\approx\alpha\sqrt{\frac{\eta P_{\mathrm{t}}}{\xi Q^{-1}\left(P_{\mathrm{e}}\right)}}\sqrt{\frac{M\log_2 M}{2N_0 R_{\mathrm{b}}}} \tag{1.6}$$

其中，$Q(x)$ 是由高斯函数 Q 定义的 $Q(x)=\int_x^\infty\exp\left(-t^2/2\right)\mathrm{d}t$，互补函数 $\mathrm{erfc}(\cdot)$ 的误差函数 $\mathrm{erfc}(x)=2Q\left(\sqrt{2}x\right)$，并且

$$N_0=\frac{q\zeta N_{\mathrm{n}}hc}{\lambda} \tag{1.7}$$

其中，N_0 为白噪声的功率谱密度；q 为电荷量；ζ 为光电倍增管的响应性；N_{n} 为噪声光子计数率。将式(1.3)～式(1.5)或式(1.6)式代入式(1.2)。根据高斯噪声模型或泊松噪声模型，可以发现 OOK 调制和 PPM 方式的网络 k 连接的概率和

许多参数(即发射功率、支持的数据速率、错误的概率和节点密度)的功能一样。

1.3.3　无线紫外光网络覆盖算法

在无线紫外 Ad hoc NLOS 通信网络中，由于节点功率、通信带宽及网络处理能力等受限，可通过网络节点位置的移动和合理的路径选择缓解上述问题并优化网络中资源的配置，改善通信服务质量，这一过程被称为覆盖控制[35]。网络中一个亟待解决的问题就是如何根据不同场合的通信应用需求对网络实现不同级别的覆盖控制。组建一个网络，覆盖控制也可以理解为通过各个节点协同通信实现对既定目标区域的相应覆盖效果，完成相应的通信需求[36]。

探讨分析网络的覆盖问题，首先需要研究网络中节点的覆盖模型，合理可行的覆盖模型是必不可少的理论基础和重要手段。与覆盖控制问题直接相关的是节点的覆盖模型，设计合理的覆盖模型是研究网络覆盖控制的理论基础和必要手段。

覆盖问题的起源可追溯到美术馆问题(art gallery problem)[37]。不同应用场景对覆盖的解释和需求不一样，因此有大批学者对覆盖控制问题进行了深入研究并提出了很多行之有效的解决措施，如虚拟势场法和图论法等。目前，大致可将覆盖问题分为三类：点覆盖、区域覆盖和栅栏覆盖[38,39]。

覆盖控制的目的是提高网络的通信质量，覆盖控制算法对紫外光网络覆盖问题的优化程度主要从以下几个方面来评价：①覆盖率与连通性；②算法精确度；③网络寿命；④算法复杂性。

参 考 文 献

[1] 程开富. 新型紫外摄像器件及应用[J]. 国外电子元器件, 2001, (2): 4-10.

[2] 赵太飞, 柯熙政, 冯艳玲. 大气日盲紫外无线光组网技术研究[J]. 光通信技术, 2010, 34(7): 50-53.

[3] 孟祥谦, 胡顺星, 王英俭, 等. 基于电荷耦合器件探测气溶胶散射相函数与大气能见度的研究[J]. 光学学报, 2012, 32(9): 8-13.

[4] MOHAMED A, SHIMY E, HRANILOVIC S. Binary-input non-line-of-sight solar-blind UV channels: Modeling, capacity and coding[J]. IEEE/OSA Journal of Optical Communications & Networking, 2012, 4(12):1008-1017.

[5] 姜会林, 胡源, 丁莹, 等. 空间激光通信组网光学原理研究[J]. 光学学报, 2012, 32(10): 48-52.

[6] 刘新勇, 鞠明. 紫外光通信及其对抗措施初探[J]. 光电技术应用, 2005, 20(5): 8-9.

[7] 王正凤, 付秀华, 张静. 日盲紫外告警系统中成像滤光片的研制[J]. 中国激光, 2011, 38(12): 148-151.

[8] 方旭明. 下一代无线因特网技术: 无线 Mesh 网络[M]. 北京: 人民邮电出版社, 2006.

[9] 赵太飞, 柯熙政, 候兆敏, 等. 无线紫外光通信组网链路性能分析[J]. 激光技术, 2011,

35(6): 828-832.

[10] 唐义, 倪国强, 蓝天, 等. "日盲"紫外光通信系统传输距离的仿真计算[J]. 光学技术, 2007, 33(1): 27-30.

[11] 赵太飞, 何华, 柯熙政. 基于日盲紫外光 LED 的无线光通信性能研究[J]. 光电子激光, 2011, 22(12): 1797-1801.

[12] CHANG S L, YANG J K, YANG J C, et al. The Experimental research of UV communication[J]. Proceedings of SPIE, 2004, 115(4):1621-1631.

[13] 姚丽, 李霁野. 大气紫外光近距离通信的研究[J]. 大气与环境光学学报, 2006, 1(2): 135-139.

[14] MORIARTY D, HOMBS B. System design of tactical communications with solar blind ultraviolet non line-of-sight systems[C]. Military Communications Conference, Milcom, IEEE, Boston,2009:1-7.

[15] LI Y Y, NING J X, XU Z Y, et al. UVOC-MAC: A MAC protocol for outdoor ultraviolet networks [J]. Wireless Networks, 2013, 19(6):1101-1120.

[16] LI Y Y, WANG L J, XU Z Y, et al. Neighbor discovery for ultraviolet ad hoc networks [J]. IEEE Journal on Selected Areas in Communications, 2011, 29(10): 2002-2011.

[17] VAVOULAS A, SANDALIDIS H, VAROUTAS D. Connectivity issues for ultraviolet UV-C networks [J]. IEEE/OSA Journal of Optical Communications & Networking, 2011, 3(3): 199-205.

[18] VAVOULAS A, SANDALIDIS H, VAROUTAS D. Node isolation probability for serial ultraviolet UV-C multi-hop networks[J]. IEEE/OSA Journal of Optical Communications & Networking, 2011, 3(9):750-757.

[19] 何华, 柯熙政, 赵太飞, 等. 无线"日盲"紫外光网格网络中的定位研究[J]. 激光技术, 2010, 34(5): 607-610.

[20] 赵太飞, 柯熙政, 冯艳玲. 无线紫外光 Mesh 网络技术研究[J]. 激光杂志, 2010, 31(6): 40-43.

[21] LI C, ZHANG M, CHEN X, et al. Experimental performance evaluation of mobile sensor and communication system based on ultraviolet[C]. The IEEE 24th Chinese Control and Decision Conference (CCDC), Taiyuan, 2012: 218-220.

[22] 吴朝烨, 左勇, 范成, 等. 紫外光网络中 MAC 层功率控制研究[J]. 光通信研究, 2016, 180(6): 28-31.

[23] 杨刚, 李晓毅, 陈谋, 等. 一种新的紫外光自组织网络的时分多址接入邻居发现算法[J]. 光电子·激光, 2015, 26(6): 1074-1080.

[24] ZHAO T F, LI Q, SONG P. A fast channel assignment scheme based on power control in wireless ultraviolet network [J]. Computers and Electrical Engineering, 2016, (56): 262-276.

[25] ARDAKANI M H, HEIDARPOUR A R, UYSAL M. Performance analysis of relay-assisted NLOS ultraviolet communications over turbulence channels[J]. IEEE/OSA Journal of Optical Communications & Networking, 2017, 9(1):109-118.

[26] 柯熙政. 紫外光自组织网络理论[M]. 北京: 科学出版社, 2011.

[27] 赵太飞, 冯艳玲, 柯熙政, 等. "日盲"紫外光通信网络中节点覆盖范围研究[J]. 光学学

报, 2010, 30(8): 2229-2235.

[28] 邵平, 李晓毅, 杨娟, 等. "日盲" 紫外光定向发送与定向接收的非直视通信覆盖范围研究[J]. 重庆理工大学学报(自然科学), 2013, 27(7): 56-60.

[29] 赵太飞, 王小瑞, 柯熙政. 无线紫外光散射通信中多信道接入技术研究[J]. 光学学报, 2012, 32(3): 14-21.

[30] 段伟. 基于鲁棒优化的无线传感器网络拓扑控制算法研究[D]. 西安: 西安电子科技大学, 2011.

[31] PENROSE M D. On k-connectivity for a geometric random graph[J]. Random Structures & Algorithms, 2015, 15(2):145-164.

[32] BETTSTETTER C. On the minimum node degree and connectivity of a wireless multihop network[C]. Acm International Symposium on Mobile Ad Hoc Networking and Computing, Lausanne, 2002: 80-91.

[33] 许芷岩. Ad Hoc 网络冲突受限的拓扑控制算法研究[D]. 武汉: 华中师范大学, 2007.

[34] HE Q, SADLER B M, XU Z. Modulation and coding tradeoffs for non-line-of-sight ultraviolet communications[J]. Proceedings of SPIE-The International Society for Optical Engineering, 2009, 7464:74640H-1-74640H-12.

[35] 任彦, 张思东, 张宏科. 无线传感网络中覆盖控制理论与算法[J]. 软件学报, 2006, 17(3): 422-433.

[36] CARDEI M, WU J. Coverage in wireless sensor networks[J]. Handbook of Sensor Networks, 200, 3(5): 47-79.

[37] O' ROURKE J. Art Gallery Theorems and Algorithms [M]. New York: Oxford University Press, 1987.

[38] 陶丹. 视频传感器网络覆盖控制及协作处理方法研究[D]. 北京: 北京邮电大学, 2007.

[39] 赵旭, 雷森, 代传龙. 无线传感网络的覆盖控制[J]. 传感器与微系统, 2007, 26(8): 62-66.

第 2 章 无线紫外光散射和信道均衡

2.1 无线紫外光大气散射通信信道容量分析

紫外光信号在传输过程中，受到大气的强烈吸收和散射作用，使得光信号快速弥散和畸变，影响了紫外光通信系统的整体性能[1]。因此，需要对紫外光在大气中的传输特性[2]进行分析。本章主要研究紫外光 NLOS 通信中的路径损耗、信噪比、信道容量等性能参数。

2.1.1 无线紫外光通信路径损耗

无线紫外光通信中路径损耗和 r^{α} 成比例，其中 r 表示发射端到接收端之间的基线距离，α 是与发送仰角和接收仰角相关的参数[1]。当发送仰角和接收仰角均为 90°，而基线距离为 10m 时，α 值接近于 1；发送仰角和接收仰角为 30° 或 50° 时，α 值的范围是 1.4~1.7。发送仰角和接收仰角对路径损耗的影响很大，且路径损耗和通信距离之间存在指数关系，紫外光 NLOS 通信的路径损耗模型如下[3]：

$$L_{T_x,R_x} = \xi r^{\alpha} e^{\beta r} \tag{2.1}$$

其中，T_x、R_x 分别为发送机、接收机；ξ、α 分别为路径损耗因子、路径损耗指数；β 为衰减系数，这些参数都与收发仰角有关。不同角度所对应的 ξ 和 α 如表 2.1 和表 2.2 所示[4]，θ_1 和 θ_2 分别表示发送仰角和接收仰角。

表 2.1 路径损耗因子[4]

θ_2	20°	30°	40°	50°	60°	70°
θ_1=20°	3.43e5	1.97e6	1.13e7	2.28e7	7.59e7	2.98e8
θ_1=30°	1.41e6	8.54e6	7.34e7	1.24e8	4.01e8	1.10e9
θ_1=40°	2.97e6	1.74e7	1.69e8	2.53e8	6.55e8	1.17e9
θ_1=50°	2.92e6	1.06e7	1.09e8	1.83e8	4.85e8	8.86e8
θ_1=60°	5.42e5	3.30e6	3.15e7	5.28e7	1.71e8	5.21e8
θ_1=70°	4.94e6	2.60e7	1.83e8	3.07e8	5.82e8	7.35e8

表 2.2　路径损耗指数[4]

θ_2	20°	30°	40°	50°	60°	70°
θ_1=20°	1.9139	1.8359	1.7800	1.6427	1.4641	1.2002
θ_1=30°	1.8453	1.7219	1.4500	1.3720	1.1340	0.8751
θ_1=40°	1.8579	1.7091	1.3489	1.2930	1.0559	0.9133
θ_1=50°	1.7872	1.8310	1.4685	1.3937	1.1543	1.0098
θ_1=60°	2.4113	2.2737	1.9233	1.8176	1.5264	1.1862
θ_1=70°	1.9846	1.8581	1.4938	1.3444	1.1581	1.1111

近距离无线紫外光通信，即通信距离小于 1km 时，β 的影响可忽略不计[5]；而通信距离大于 1km 时，β 的影响比较明显。因此近距离通信的路径损耗可以简化为[3]

$$L_{T_x,R_x} = \frac{P_t}{P_r} = \xi r^\alpha \tag{2.2}$$

其中，P_t 和 P_r 分别为发射功率和接收功率。

利用式(2.2)计算路径损耗时，表 2.1 和表 2.2 中给出的 ξ 和 α 的值所对应的发散角和接收视场角为定值，即 $\phi_1 = 10°$，$\phi_2 = 30°$。因此考虑到不同的发散角和接收视场角，如图 2.1 所示，无线紫外光 NLOS 通信的单次散射[6]过程可以分为三个部分：①无线紫外光信号从发送端到有效散射体的传输路径 r_1 可视为 LOS 链路；②无线紫外光信号在有效散射体内进行散射；③信号从有效散射体到接收端路径 r_2 也可以作为 LOS 链路处理。

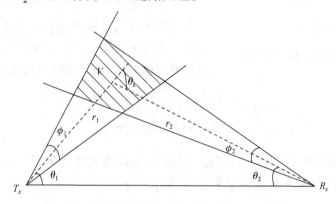

图 2.1　无线紫外光 NLOS 通信单次散射模型[7]

紫外光 NLOS 单次散射通信接收端接收光功率如下[7]：

$$P_r = \frac{P_t A_r K_s P_s \phi_2 \phi_1^2 \sin(\theta_1 + \theta_2)}{32\pi^3 r \sin\theta_1 \left(1 - \cos\dfrac{\phi_1}{2}\right)} \cdot \exp\left[-\frac{K_e r(\sin\theta_1 + \sin\theta_2)}{\sin(\theta_1 + \theta_2)}\right] \tag{2.3}$$

其中，P_t 是发射功率；A_r 是接收孔径面积；K_s 是散射系数；P_s 是散射角 θ_s 的相函数；r 是通信距离；$K_e = K_a + K_s$ 是大气衰减系数，K_a 是吸收系数。式(2.3)仅适用于有效散射体体积较小的情况[6]。

在紫外光 NLOS 通信中，路径损耗是指发射功率与接收功率的比值，因而紫外光 NLOS 通信的路径损耗为

$$L = \frac{P_t}{P_r} = \frac{32\pi^3 r \sin\theta_1 \left(1 - \cos\dfrac{\phi_1}{2}\right)}{A_r K_s P_s \phi_2 \phi_1^2 \sin(\theta_1 + \theta_2) \cdot \exp\left[-\dfrac{K_e r (\sin\theta_1 + \sin\theta_2)}{\sin(\theta_1 + \theta_2)}\right]} \tag{2.4}$$

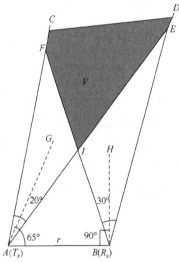

图 2.2 有效散射体的平面分析

对有效散射体的平面分析如图 2.2 所示，当发送仰角 θ_1 为 65°时，发散角 ϕ_1（$\angle CAE$）为 20°，接收仰角 θ_2（$\angle ABH$）为 90°，接收视场角 ϕ_2（$\angle FBD$）为 30°，AC 和 BD 平行，有效散射体 V 的体积趋近于无穷大[8,9]。因此，发送端和接收端的仰角较大时，式(2.4)不再适用于分析紫外光散射通信。

2.1.2 无线紫外光 NLOS 通信信道容量估算方法

1. 无线紫外光通信的带宽

实际上无线紫外光通信是多次散射的，但以第一次散射为主。紫外光 NLOS 通信中基于单次散射模型的近似信道脉冲响应为[10]

$$h(t) = \frac{K_s \phi_2 \phi_1^2 \sin(\theta_1 + \theta_2) \exp(-K_e ct)}{32\pi^3 r \sin\theta_1 \left(1 - \cos\dfrac{\phi_1}{2}\right)} \tag{2.5}$$

对信道脉冲响应 $h(t)$ 进行傅里叶变换得到信道的幅频响应，信道的带宽可以用幅频函数的 3dB 截止频率来表示[10]：

$$B = \frac{K_e c}{2\pi} \tag{2.6}$$

从式(2.6)中可以看出信道带宽受衰减系数的影响，即带宽受物理大气特性影响，不同天气状况下大气衰减系数 K_e 相差较大[11]。

2. 无线紫外光通信的信噪比

紫外光 LOS 通信时，假设光电探测器的带宽为数据传输速率的两倍，则接收端信噪比为[7]

$$\text{SNR}_{r,\text{LOS}} = \frac{\eta_r G P_{r,\text{LOS}}}{2Rhc / \lambda} \tag{2.7}$$

将式(2.3)代入式(2.7)，得

$$\text{SNR}_{r,\text{LOS}} = \frac{\eta_r \lambda G P_t A_r}{8\pi r^2 hcR} e^{-K_e \cdot r} \tag{2.8}$$

其中，h 为普朗克常量；c 为光速；P_t 为发射功率；r 为通信距离；K_e 为大气衰减系数；λ 为波长；A_r 为接收孔径面积；η_r 为探测器的探测效率；G 为探测器的增益；R 为数据传输速率。

对于紫外光 NLOS 通信，噪声模型为高斯噪声时，接收端信噪比为[12]

$$\text{SNR}_{r,\text{NLOS}} = \frac{(\eta P_t)^2}{L^2 N_0 R_c} \tag{2.9}$$

其中，P_t 为发射功率；N_0 为噪声的功率谱密度；η 为光电探测器及滤光片的探测效率；R_c 为码片速率；L 为路径损耗。

信噪比是研究通信性能的关键指标，由于无线紫外光通信中背景噪声的影响相对比较大，本章只考虑背景噪声，忽略系统中暗电流的影响。无线紫外光通信中在量子极限条件下的信噪比为[13]

$$\text{SNR} = \frac{\eta_f \eta_r P_t \lambda}{2hcBL} \tag{2.10}$$

其中，η_f 和 η_r 分别表示滤光片透射率和光电倍增管的探测效率；λ 为波长；h 为普朗克常量；c 为光速；B 为信道带宽；L 为路径损耗。

信噪比的定义式为 $\text{SNR} = 10\lg\dfrac{P_s}{P_n}$，其中 P_s 和 P_n 分别代表信号功率和噪声功率。由于波长相同，则单个光子所携带的能量相同，为 hc/λ，接收端在单位脉冲内收到的信号功率和噪声功率分别为 $P_s = N_s hc / \lambda T_p$，$P_n = N_n hc / \lambda T_p$，$N_s$ 和 N_n 分别表示单位脉冲内接收端探测到的信号光子数和噪声光子数，T_p 为脉冲宽度，因而在无线紫外光通信中，信噪比也可以表示为[14]

$$\text{SNR} = 10\lg\frac{N_s}{N_n} \tag{2.11}$$

式(2.11)即为紫外光 NLOS 通信的信噪比估算公式，其中 $N_s = \dfrac{\eta_f \eta_r P_t \lambda}{hcRL}$ [11]，R

为信息传输速率。由实测数据可知，接收端探测到的噪声光子数 N_n 近似服从泊松分布[15]，因此在仿真分析中，可利用泊松分布随机产生噪声光子数，从而分析无线紫外光通信的信噪比和信道容量。噪声光子数随大气环境变化而变化，在晴天中午时噪声光子数最大，高达十几个，而上午和下午的光子数仅为中午的一半，晚上或阴雨天气时，噪声光子数更小，说明无线紫外光通信时背景噪声较小。

经 OOK 调制后，无线紫外光通信的误码率为

$$P_e = Q\left(\frac{\sqrt{\mathrm{SNR}}}{2}\right) = \frac{1}{2}\mathrm{erfc}\left(\frac{\sqrt{\mathrm{SNR}}}{2\sqrt{2}}\right) \tag{2.12}$$

其中，$Q(\cdot)$ 为 Q 函数；$\mathrm{erfc}(\cdot)$ 为互补误差函数。

基于上述理论，计算出信道带宽与接收端的信噪比，即可利用香农公式计算紫外光 NLOS 通信的信道容量。

2.1.3　仿真结果与分析

1. 无线紫外光通信路径损耗分析

基于上述理论，首先仿真分析了系统模型参数对紫外光 NLOS 通信的路径损耗的影响，仿真过程中，部分系统参数取值如表 2.3 所示。

表 2.3　部分系统仿真参数

参数	数值
接收孔径面积 A_r	1.77cm²
T_x 端平均功率 P_t	43mW
滤光器效率 η_f	0.3
光电信增管(photomultiplier tube, PMT)检测效率 η_r	0.2
数据传输速率 R	64Kbps
波长 λ	250nm

利用式(2.2)计算路径损耗时，其发散角和接收视场角为定值，即 $\phi_1 = 10°$，$\phi_2 = 30°$，在此条件下仿真了发送仰角、接收仰角和通信距离对路径损耗的影响，如图 2.3 所示。图 2.3(a)中 $\theta_2 = 20°$，从图中可以看出，在相同通信距离下，路径损耗随发送仰角的增大而增大，θ_1 从 10° 增加到 70° 时，路径损耗增加了约 20dB，由此可知紫外光 NLOS 通信的路径损耗随发送仰角变化很大；图 2.3(b)中 $\theta_1 = 20°$，θ_2 从 10° 增加到 70° 时，路径损耗增加了约 20dB，由此可知紫外光 NLOS 通信的路径损耗随接收仰角变化也很大。从图 2.3 还可以看出，随着通

信距离 r 的增加，路径损耗急剧增大，通信距离从 10m 增加到 200m 时，路径损耗相差 25dB 左右。

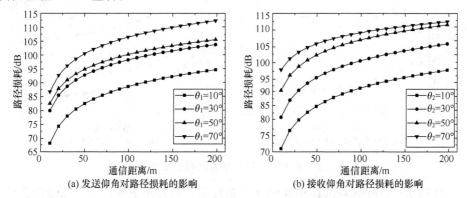

(a) 发送仰角对路径损耗的影响   (b) 接收仰角对路径损耗的影响

图 2.3   发送仰角和接收仰角对路径损耗的影响

利用式(2.2)计算路径损耗时，其发散角和接收视场角为定值，利用式(2.4)计算不同发散角和接收视场角的路径损耗时，如图 2.4 所示。由于式(2.4)仅适用于发送仰角和接收仰角较小的情况，故取 $\theta_1 = \theta_2 = 10°$。图 2.4(a)中 $\phi_2 = 30°$，从图中可以看出，增大发送端的发散角对路径损耗几乎没有影响；图 2.4(b)中 $\phi_1 = 10°$，随着接收视场角的增加，路径损耗降低了 6dB 左右，因此可以通过适当增大接收视场角来减小紫外光 NLOS 通信的路径损耗。

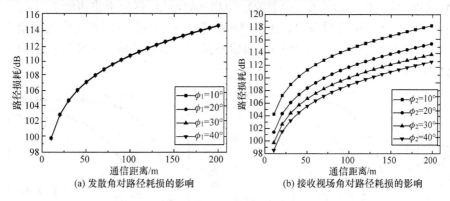

(a) 发散角对路径耗损的影响   (b) 接收视场角对路径耗损的影响

图 2.4   发散角和接收视场角对路径损耗的影响

2. 信道容量估算法的正确性验证

利用式(2.10)、式(2.11)计算信噪比和信道容量，分别称为量子极限法和估算法，用这两种方法分别计算紫外光 NLOS 通信的信噪比，仿真结果如图 2.5 所示，其中发送仰角和接收仰角取相同值，$\phi_1 = 10°$，$\phi_2 = 30°$。

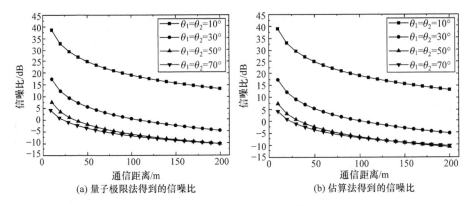

(a) 量子极限法得到的信噪比　　　　　　(b) 估算法得到的信噪比

图 2.5　量子极限法和估算法得到的信噪比

从图 2.5 中可以看出在相同的几何角度下，随着距离的增加，信噪比降低，且发送仰角和接收仰角越大，信噪比越低，当仰角大于 30° 且通信距离大于 50m 时，信噪比为负值。因此，发送仰角和接收仰角越小，通信性能越高，且进一步说明紫外光适合短距离通信。由实测数据可知，在晴天中午时，单位脉冲内噪声光子数服从均值为 2.9 的泊松分布[15]。图 2.5(a)和(b)分别用量子极限法和估算法计算信噪比的结果，在相同条件下当 $N_n = 2$ 时，利用这两种方法计算出的信噪比相差不到 1dB。

图 2.6 为 $\phi_1 = 10°$，$\phi_2 = 30°$ 时误码率随发送仰角、接收仰角和通信距离的变化情况。从图中可以看出，随着通信距离 r 的增加，误码率快速增加。图 2.6(a) 中 $\theta_2 = 20°$，从图中可以看出，在相同通信距离下，误码率随发送仰角的增大而增大；图 2.6(b) 中 $\theta_1 = 20°$，由图可知紫外光 NLOS 通信的误码率随接收仰角的变化也非常大。

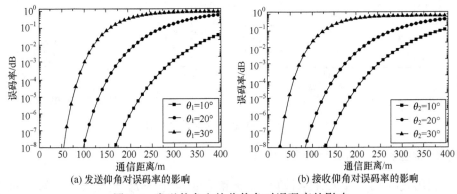

(a) 发送仰角对误码率的影响　　　　　　(b) 接收仰角对误码率的影响

图 2.6　发送仰角和接收仰角对误码率的影响

在量子极限法和估算法的基础上，仿真了紫外光 NLOS 通信的信道容量，仿真结果如图 2.7 所示，其中发送仰角和接收仰角取相同值，$\phi_1 = 10°$，$\phi_2 = 30°$。

从图中可以看出在相同的几何角度下，随着通信距离的增加，信道容量降低；
发送接收仰角越大，信道容量越低。短距离通信时，当发送接收仰角为 10°时，
信道容量可以达到几百 Kbps；当角度大于 30°时，信道容量降低为原来的几十
Kbps，甚至更小。因此，发送仰角和接收仰角越小，通信性能越高，进一步说
明紫外光适合短距离通信。图 2.7(a)和(b)分别是在量子极限法和估算法计算信
噪比的基础上仿真出的信道容量，可以看出在相同条件下利用这两种方法仿真
出的信道容量相差很小。

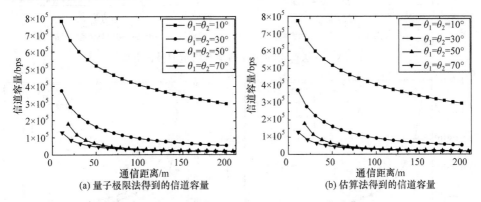

图 2.7　量子极限法和估算法得到的信道容量

3. 无线紫外光通信信道容量的影响因素

发送、接收装置和大气环境等诸多因素会影响紫外光 NLOS 通信的信道容
量，而相同天气条件下背景噪声环境基本不变，本小节研究了相同天气条件下
$N_n = 3$ 时发送、接收端的角度对无线紫外光通信信道容量的影响。

图 2.8 为 $\phi_1 = 10°$，$\phi_2 = 30°$ 时信道容量随发送仰角、接收仰角和通信距离
的变化情况。从图中可以看出，随着通信距离的增加，信道容量急剧下降，当
通信距离从 10m 增加到 200m 时，信道容量大约降低了一个数量级。图 2.8(a)
中 $\theta_2 = 20°$，可以看出，在相同通信距离下，信道容量随发送仰角的增大而降低，
且发送仰角大于 30°时信道容量变化较小；图 2.8(b)中 $\theta_1 = 20°$，由图可知紫外
光 NLOS 通信的信道容量随接收仰角的变化非常大，且当接收仰角大于 50°时
信道容量降低得比较小。

图 2.9 是 $\theta_1 = \theta_2 = 20°$ 时，无线紫外光通信的信道容量随发散角和接收视场
角的变化情况。图 2.9(a)中 $\phi_2 = 30°$，从图中可以看出，增大发送端的发散角对
信道容量几乎没有影响；图 2.9(b)中 $\phi_1 = 30°$，随着接收视场角的增加，信道容
量提高了一个数量级，因此可以通过适当地增加接收视场角来提高紫外光 NLOS
通信的信道容量。

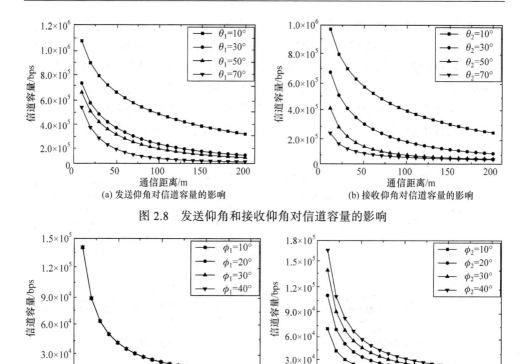

(a) 发送仰角对信道容量的影响　　　　　　(b) 接收仰角对信道容量的影响

图 2.8　发送仰角和接收仰角对信道容量的影响

(a) 发散角对信道容量的影响　　　　　　(b) 接收视场角对信道容量的影响

图 2.9　发散角和接收视场角对信道容量的影响

　　不同天气条件下，背景噪声环境不同，图 2.10 是 $\phi_1 = 10°$，$\phi_2 = 30°$，$\theta_1 = \theta_2 = 20°$ 时，紫外光 NLOS 通信的信道容量随背景噪声光子数的变化情况。由图可知，随噪声光子数增加，信道容量降低；而在相同背景噪声环境下，信道容量随着通信距离增加而降低。

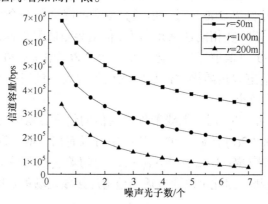

图 2.10　噪声光子数对信道容量的影响

2.2　无线紫外光通信中的非线性判决反馈均衡器

2.2.1　判决反馈均衡器原理

　　判决反馈均衡器是一种非线性均衡器，相比线性均衡器，它具有更强的均衡效果，可以补偿由于多径效应引起信道的严重失真[16]。判决反馈均衡器由前向均衡滤波器和后向均衡滤波器组成，前向均衡滤波器的作用是通过线性均衡器对过去时刻的畸变信号序列产生的估计值，来补偿当前时刻接收信号的畸变。后向均衡滤波器的输入是上一次判决输出的符号序列，其目的是用将来时刻的信号序列估计当前被检测序列的码间干扰。判决反馈均衡器的输出可以用下式表示：

$$\hat{d}(k) = \sum_{i=0}^{m} w_1 x(k+1) + \sum_{i=1}^{n} w_2 d(k-i) \tag{2.13}$$

其中，w_1 和 w_2 分别表示前向均衡滤波器和后向均衡滤波器的抽头系数；m、n 分别表示两种均衡滤波器抽头系数的个数。判决反馈均衡器的原理是通过过去时刻和将来时刻接收到的码元信息，来消除当前估计中的码间干扰，其结构示意图如图 2.11 所示。

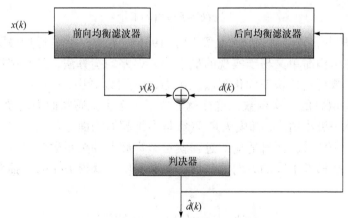

图 2.11　判决反馈均衡器结构示意图

2.2.2　自适应判决反馈均衡算法

　　判决反馈均衡器在均衡过程中，因为噪声的引入和信道的变化引起错误累积，所以可以通过自适应算法[17]来调整判决反馈均衡器的结构系数，通过反馈的判决序列来更新滤波器抽头系数，实现信道跟踪。因此算法才是均衡器的核心部分，算法不同，均衡器的设计复杂度、收敛性和稳定性都会有所不同。下面介绍一种最典型的基于最小均方(least mean square, LMS)算法的自适应判决反馈均衡器。

1. LMS 算法

自适应算法最关键的部分是调整滤波器的抽头系数，实现判决反馈均衡器的最佳滤波，使用 $w(k)=\left[w_1(k),w_2(k),\cdots,w_m(k)\right]^{\mathrm{T}}$ 表示滤波器抽头系数矢量，均衡器的输入信号矢量表示为 $x(k)=\left[x(k),x(k-1),\cdots,x(k-m)\right]^{\mathrm{T}}$，那么 k 时刻滤波器的输出可以表示为

$$y(k)=\sum_{i=1}^{m}w_i(k)x(k-i+1) \tag{2.14}$$

通过图 2.11 中期望信号与前向均衡滤波器输出信号的关系，误差序列可以表示为

$$e(k)=d(k)-y(k) \tag{2.15}$$

自适应滤波使用算法对误差序列 $e(k)$ 进行分析，然后调整抽头系数 $w(k)$，通过控制权系数的更新使滤波器一直保持在最佳工作状态。通过均方误差(mean square error, MSE)准则可知，滤波器的最小代价函数对应系统的最佳权系数。代价函数 $\xi(k)$ 可以表示为

$$\xi(k)=E\left[e^2(k)\right] \tag{2.16}$$

LMS 算法最早是由 Widrow 等[18]于 1966 年提出，它是通过最陡下降法推导出的一种结构简单又易于实现的最小均方误差均衡算法，是利用梯度信息实现上述权系数更新的快速优化算法。由式(2.16)可以看出，代价函数是关于滤波器抽头系数 $w(k)$ 的二次函数，这样就形成了一个类似碗状曲面的超抛物曲面，并且具有唯一极小值点。梯度矢量 $\nabla(k)$ 是多维超抛物面上任意一点对应抽头系数 $w_i(k)$ 的一阶导数，而自适应的过程就是抛物面上抽头系数对应点逼近极小值点的过程。在梯度下降的方向调整抽头系数，即可获得 $k+1$ 时刻抽头系数的递归关系：

$$w(k+1)=w(k)+\frac{1}{2}\mu\left[-\nabla(k)\right] \tag{2.17}$$

其中，μ 是收敛系数(步长因子)，是一个常数；梯度矢量 $\nabla(k)$ 可以表示为

$$\nabla(k)=\frac{\partial E\left[e^n(k)\right]}{\partial w(k)}=\left[\frac{\partial \xi(k)}{\partial w_1(k)}\frac{\partial \xi(k)}{\partial w_2(k)}\cdots\frac{\partial \xi(k)}{\partial w_M(k)}\right]$$

$$=E\left[2e(k)\frac{\partial e(k)}{\partial w(k)}\right]=-E\left[2e(k)x(k)\right] \tag{2.18}$$

可以看出，在利用最陡下降法搜索极小值点的过程中，并不需要知道误差特性超抛物曲面的先验知识，就可以得到很好的收敛。但是每次迭代过程中的梯度矢量 $\nabla(k)$ 都需要进行计算，计算复杂度高，实现起来比较困难。LMS 算法通过一个瞬时梯度的估计值代替了梯度矢量，使得算法得到了极大的化简。瞬时梯度估计值表示为

$$\widehat{\nabla}(k) = \frac{\partial \left[e^2(k) \right]}{\partial w(k)} = -2e(k)x(k) \tag{2.19}$$

通过均衡滤波器抽头系数与梯度矢量的关系可以得出 LMS 算法的权值迭代公式如下：

$$\widehat{w}(k+1) = \widehat{w}(k) + \frac{1}{2}\mu[-\widehat{\nabla}(k)]$$
$$= \widehat{w}(k) + \mu e(k)x(k) \tag{2.20}$$

LMS 算法的计算步骤如下。

(1) 通过当前时刻的均衡滤波器的权系数估计值、输入信号序列 $x(k)$ 以及期望信号 $d(k)$ 计算误差序列：

$$e(k) = d(k) - x(k)\widehat{w}(k) \tag{2.21}$$

(2) 更新均衡滤波器抽头系数估计值：

$$\widehat{w}(k+1) = \widehat{w}(k) + \mu e(k)x(k) \tag{2.22}$$

(3) 将更新后的抽头系数估计值 $\widehat{w}(k+1)$ 代入式(2.22)中重新开始步骤(2)，一直重复上述计算步骤直到系统达到稳态为止。

2. 算法收敛性

通过上述内容可以看出，LMS 算法的计算过程非常简单，计算过程中不需要计算输入信号的自相关函数，也没有逆矩阵的计算，只有一个参数变量 μ。因此，步长因子的选取是算法稳定收敛的关键因素。下面讨论 LMS 算法步长因子的选择问题。

由最陡下降准则可知，LMS 算法收敛需满足以下条件：

$$n \to \infty 时 \quad E[e(k)] \to 0$$

或者等价于滤波器的抽头系数收敛为最佳维纳滤波解 w_0，即

$$\lim_{n \to \infty} \widehat{w}(k) = w_0 \tag{2.23}$$

经过分析可知，μ 的取值和输入信号向量的自相关函数的最大特征值 λ_{max} 有关，要使算法收敛必须满足以下条件[19]：

$$0 < \mu < \frac{2}{\lambda_{\max}} \tag{2.24}$$

　　LMS 算法的稳定性会随着抽头器个数的增加而减小,但是可以通过降低步长因子的取值来提高算法的稳定性。可是随着步长因子取值的降低,算法的收敛时间增大,降低了均衡滤波器的自我调整的速度。因此,LMS 算法的稳定性和收敛时间存在矛盾,需要在收敛范围内选择合适的步长因子以保证算法的稳定性。图 2.12 反映了不同步长因子对应的均方误差曲线。

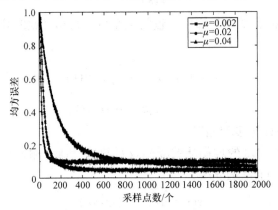

图 2.12　不同步长因子时均方误差和采样点数的关系

3. RLS 算法

　　相比 LMS 算法通过最陡下降法进行极值点逼近,递归最小二乘(recursive least square, RLS)算法使用最小平方逼近法将获得更快的收敛速度,这种算法之所以可以快速收敛,是因为它是通过实际接收信号的平均误差对滤波器抽头系数进行更新,而不是通过统计递推来进行权系数更新[20]。RLS 算法通过时间来进行迭代计算,即对某一时间范围内的所有误差平方的均值最小化,因此它的观测数据长度可变,滤波器抽头系数的更新准则可以表示为

$$\varepsilon(k) = \sum_{i=1}^{k} \lambda^{k-i} e^2(k) \tag{2.25}$$

其中,引入了新的变量 λ(加权因子),也称为遗忘因子,λ 的取值范围是 $0 < \lambda \leqslant 1$。遗忘因子顾名思义就是对不同时刻的误差平方具有不同程度的遗忘作用,距离 k 时刻越远,λ 对误差平方的权重就越小。也就是说当 $\lambda=1$ 时,所有时刻的误差平方的权重一样;而当 $\lambda=0$ 时,所有过去时刻的误差平方都被遗忘,只有目前时刻的误差平方被用作更改抽头系数的参考。为了求出 $\varepsilon(k)$ 最小值对应的最佳权系数,对其进行权系数求导,并令其等于 0:

$$\frac{\partial \varepsilon(k)}{\partial w} = 0 \tag{2.26}$$

解得

$$w(k) = R^{-1}(k)r(k) \tag{2.27}$$

其中，

$$R(k) = \sum_{i=0}^{k} \lambda^{k-i} x(i)x(i)^{\mathrm{T}} \tag{2.28}$$

$$r(k) = \sum_{i=0}^{k} \lambda^{k-i} x(i)d(i) \tag{2.29}$$

由式(2.27)可以看出，RLS 算法的最佳抽头系数最后依然收敛为最佳维纳滤波解 w_0 [21]。$R(k)$ 是含权系数的输入序列的自相关矩阵，$r(k)$ 是含权系数的输入序列和期望输出序列的互相关矩阵，下面分析最小二乘的相关递推公式：

$$R(k) = \lambda R(k-1) + x(k)x(k)^{\mathrm{T}} \tag{2.30}$$

$$r(k) = \lambda r(k-1) + x(k)d(k) \tag{2.31}$$

则输入序列确定的相关矩阵的逆矩阵 $R^{-1}(k)$ 的递推公式可以表示为

$$\begin{aligned} R^{-1}(k) &= \frac{1}{\lambda} \left[R^{-1}(k-1) - \frac{R^{-1}(k-1)x(k)x(k)^{\mathrm{T}} R^{-1}(k-1)}{\lambda + x(k)^{\mathrm{T}} R^{-1}(k-1)x(k)} \right] \\ &= \frac{1}{\lambda} \left[R^{-1}(k-1) - \mu(k)x(k)^{\mathrm{T}} R^{-1}(k-1) \right] \end{aligned} \tag{2.32}$$

其中，$\mu(k)$ 被称为增益修正系数，它是通过分析误差来确定权系数更新时的比例系数向量，定义为

$$\mu(k) = \frac{R^{-1}(k-1)x(k)}{\lambda + x(k)^{\mathrm{T}} R^{-1}(k-1)x(k)} \tag{2.33}$$

由式(2.27)和式(2.32)推导化简可得

$$w(k) = w(k-1) + \mu(k)e(k) \tag{2.34}$$

其中，

$$e(k) = d(k) - x(k)w(k-1) \tag{2.35}$$

可以看出最佳权系数的更新是通过前一时刻的权系数与一个修正值相加得到的，修正值为增益修正系数 $\mu(k)$ 与误差向量 $d(k) - x(k)w(k-1)$ 的乘积。通过比较 RLS 算法和 LMS 算法可以看出，两者最大的差别在于增益系数的不同，RLS 算法是通过变化的增益系数调整权系数的更新，而 LMS 算法则是通过步长因子 μ 来更新系数。

RLS 算法的计算步骤如下。

(1) 初始化参数：$n = 0, w(0) = 0, R^{-1}(0) = 0$，更新 $n = 1, 2, 3 \cdots$。

(2) 获取 $x(k), d(k)$ 更新增益修正系数：

$$\mu(k) = \frac{R^{-1}(k-1)x(k)}{\lambda + x(k)^{\mathrm{T}}R^{-1}(k-1)x(k)}$$

(3) 更新滤波器权值向量： $w(k) = w(k-1) + \mu(k)e(k)$

(4) 更新逆矩阵并重复步骤(2)和(3)：

$$R^{-1}(k) = \frac{1}{\lambda}\left[R^{-1}(k-1) - \mu(k)x(k)^{\mathrm{T}}R^{-1}(k-1)\right]$$

4. RLS 算法性能分析

本节通过与 LMS 算法收敛曲线进行对比，分析 RLS 算法收敛特性的优劣。设置 RLS 算法遗忘因子 $\lambda=1$，LMS 算法步长因子 $\mu=0.04$，两种算法的抽头系数($w=10$)、采样点数(500)、信噪比(20dB)都取相同值。

通过图 2.13 可以看出，RLS 算法比 LMS 算法具有更好的收敛特性，迭代次数在 20 次左右就已经收敛。通过这两种算法的递推公式可以看出，RLS 算法的递推过程更加严谨，具有更好的均衡性能。首先，它引入了遗忘因子，对于以往的数据赋予不同的权值比重，对于观测数据的变化特性具有很好的跟踪性能。其次，RLS 算法引入了增益修正系数 $\mu(k)$，不同于 LMS 算法使用固定的步长因子 μ 对抽头系数进行调整，而是通过上一时刻的输入向量的自相关矩阵推导而来。最后，RLS 算法比 LMS 算法具有更复杂严谨的计算过程，RLS 算法每次迭代过程中的运算量与抽头系数 w 有关，为 $2.5w^2 + 4.5w$。虽然运算量增大，但是无论是收敛特性还是收敛后系统的稳态误差，RLS 算法比 LMS 算法的性能都要好很多，因此被广泛应用到均衡器的设计中。

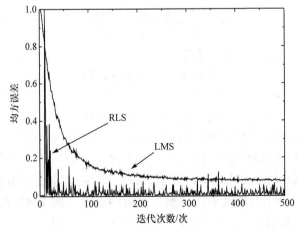

图 2.13　RLS 算法和 LMS 算法中均方误差和迭代次数的关系

接下来分析不同遗忘因子对 RLS 算法性能的影响，图 2.14 展示了 $\lambda=0.6$

和 λ=0.3 时 RLS 算法的误差特性。除遗忘因子取值不同外，其他条件均相同：抽头系数 w=10，采样点数为 500，信噪比取值为 20dB。

通过图 2.13 和图 2.14 可以看出，遗忘因子对算法的收敛速度影响并不大，但是随着遗忘因子的减小，算法收敛之后，均衡器稳定性降低。这是由于 λ 值越大，过去时刻样本值在系数更新时所占的权重越大，算法的"记忆力"越强，均衡器也就越稳定。反之，随着 λ 值的减小，过去时刻的样本值被很快遗忘，新时刻样本值的权重随指数增长，虽然跟踪能力得到了提升，但是 λ 值减小，算法稳定性也随之降低。通常在 RLS 均衡器的设计中，为了保证算法的稳定性，λ 的取值范围一般为 $0.8<\lambda<1$。

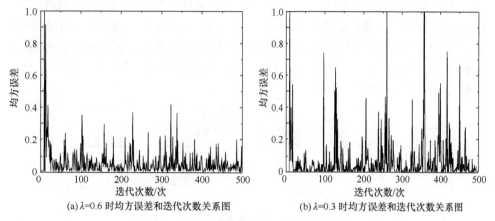

(a) λ=0.6 时均方误差和迭代次数关系图　　　(b) λ=0.3 时均方误差和迭代次数关系图

图 2.14　不同遗忘因子对应误差曲线

2.2.3　无线紫外光通信中判决反馈均衡算法

1. 无线紫外光通信均衡前的信道建模

在无线紫外光通信中，由于接收端对接收信号的处理是在数字电路下运行，为了对抗多径信道产生的码间干扰，必须得到符号间干扰(inter symbol interference, ISI)信道的等效离散时间模型。无线紫外光通信系统的离散线性信道模型如图 2.15 所示。

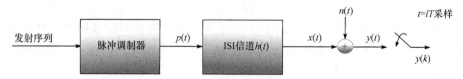

图 2.15　无线紫外光通信系统的离散线性信道模型

以 OOK 调制为例，无线紫外光通信发射数据是二进制数据序列，设 L_1 为序列长度，T 为序列脉冲持续时间，$h(t)$ 为信道的脉冲响应，是 2.1.2 小节中研究

的基于紫外光 NLOS 单次散射模型的脉冲响应。可以得到脉冲调制器的输出为

$$p(t) = \sum_{l=0}^{L_1-1} x_l \delta(t-lT) \tag{2.36}$$

那么通过码间干扰信道的输出 $y(t) = p(t) * h(t) + n(t)$，因此经过采样后的离散接收信号可以表示为

$$y_l = y(lT) = \sum_m x_m \int p(lT-\tau) h(\tau-mT) + n_l$$

$$= \sum_m x_m h_{l-m} + n_l = x_l * h_l + n_l \tag{2.37}$$

无线紫外光通信中的 $h(t)$ 是一个有限长的脉冲响应，脉冲响应长度为 P，那么在采样后的离散信道中，$l<0$ 以及 $l \geqslant p$ 时，h_l =0。也就是说，具有码间干扰的无线紫外光通信信道被看作为一个有限长单位冲激响应(finite impulse response,FIR)滤波器,接收端接收到的信号与当前发射的数据以及传输的前 $P-1$ 个信号有关[22]，如图 2.16 所示。

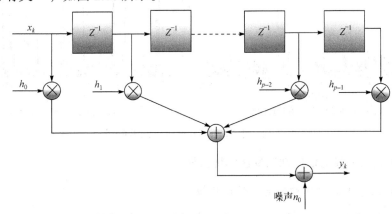

图 2.16　无线紫外光通信码间干扰信道模型

采样后的接收信号可以重新表示为

$$y_l = \sum_{p=0}^{p-1} h_p b_{l-p} + n_l \tag{2.38}$$

离散后的接收信号可以看成 P 个经过多径延迟传输的信号相加，为了更好地研究码间干扰对无线紫外光通信的影响，先不考虑噪声的影响，将式(2.38)展开：

$$y_l = h_m x_{l-m} + \sum_{p \neq m} h_p x_{l-p} \tag{2.39}$$

其中，$h_m x_{l-m}$ 为系统的理想接收信号；$\sum_{p \neq m} h_p x_{l-p}$ 为紫外光传输过程中的码间干

扰项，均衡技术就是为了消除码间干扰项。

2. LMS 算法在 NLOS 紫外光通信中的应用

LMS 算法是一种非常简单实用的均衡算法，计算时没有矩阵求逆的过程，也不需要求输入序列的自相关矩阵，本节通过 MATLAB 对 LMS 算法在紫外光通信中的性能进行简单分析，并将它作为一种对比算法着重研究前文所述的 RLS 均衡算法。

首先必须保证 LMS 算法的收敛性，即算法的步长因子 μ 必须满足 $0 < \mu < 1/\lambda_{\max}$，仿真过程中选取 $\mu = 0.04$，均衡器阶数设置为 10。无线紫外光通信过程中的仿真参数如表 2.4 所示。

表 2.4　仿真参数

参数名称	数值	参数名称	数值
通信距离/m	200	通信速率/Mbps	1
接收半视场角 θ_r /(°)	30	发射发散半角 θ_t /(°)	15
接收仰角 β_r /(°)	60	发送仰角 β_t /(°)	60
大气散射系数 K_s /km^{-1}	0.49	大气吸收系数 K_a /km^{-1}	0.74

图 2.17 展示了 LMS 均衡算法下无线紫外光通信中误码率与信噪比的关系。此时无线紫外光通信的归一化信道响应系数为 (0.5728,0.2362,0.1060, 0.0544,0.0306)，是一个 5 径信道，可以看出当信噪比低于 10dB 时，信道的误码率非常高，而且均衡算法对系统性能几乎没有影响；当信噪比大于 12dB 时，性能有一个明显的提升。

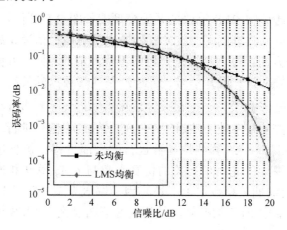

图 2.17　LMS 算法误码率和信噪比的关系

图 2.18 是信噪比为 17dB, 迭代次数为 20000 次时的误码率随步长因子变化的曲线图, 可以看出随着步长因子的增大, 误码率迅速降低, 之后会有一个缓慢升高的过程, 因此无线紫外光通信的最优步长因子取值可在 $\mu=0.06$ 附近选取。随着 μ 的增大, 误码率上下摆动的幅度也随之增大, 这是由于 μ 值增大, 算法稳定性随之变差, 虽然可以快速收敛, 但是收敛后的误差曲线在一个较大的范围上下抖动, 导致算法的稳态误差变大。

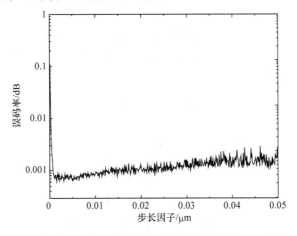

图 2.18 步长因子与误码率的关系

LMS 算法的均衡性能并不是特别好, 一方面算法本身存在稳定性和收敛速度不可兼得的矛盾; 另一方面在低信噪比时均衡效果并不好, 甚至误码率要高于未均衡算法。

3. RLS 算法在 NLOS 紫外光通信中的应用

无线紫外光通信中 RLS 算法的系统模型图如图 2.19 所示: 发射信号经过脉冲调制器调制进入具有码间干扰的紫外单次散射模型信道 $h(k)$, 接收端接收到的信号 $y(k)$ 一方面经过均衡器进行码间干扰的消除; 另一方面经过延迟单元生成一个参考信号来计算误差信号, 延迟 D 是观察数据的长度, 最终使 D 的所有时刻点的误差平方和最小, 即误差性能函数 $\varepsilon(k)=\sum \lambda^{k-i} e^2(k)$ 最小。按照这一准则更新均衡器的权系数, 然后对下一时刻的接收信号进行均衡处理。这就是无线紫外光通信中 RLS 算法均衡器运行的全部过程, 仿真过程也是按照这个步骤进行。无线紫外光通信相关的仿真参数与 LMS 算法相同, 仿真参数见表 2.4。RLS 均衡器抽头系数取 10, 遗忘因子取值为 1。通过图 2.20 可以看出, 在无线紫外光通信中 RLS 均衡算法的均衡性能明显优于 LMS 均衡算法。

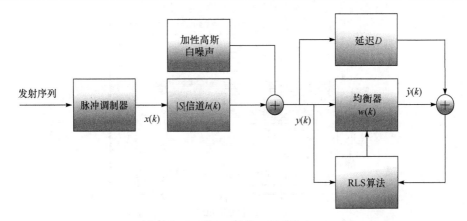

图 2.19　RLS 算法的系统模型图

通过图 2.20 可以看出，随着信噪比的增大，RLS 算法均衡效果的优势也越加明显。RLS 算法的复杂度与算法抽头系数 w 有关，w 越大，复杂度越高，图 2.21(a)展现了 RLS 算法中不同抽头系数下误码率与信噪比的关系。可以看出，w 的变化对误码率基本没有影响，这是因为紫外光在大气传输过程中具有多径效应，超出信道长度的脉冲响应系数已经变得很小，此时的紫外光几乎已完全衰减，可以不被考虑，所以抽头系数与紫外信道的信道长度有关，选择 w=紫外信道长度时，可以在保证算法性能的同时降低算法的复杂度。从图 2.21(b)可知，随着遗忘因子的减小，算法稳定性也随之降低，误码率曲线也变得不再平滑，抖动越来越严重，误码率性能也随着遗忘因子的减小而变差。虽然遗忘因子越小，算法的跟踪能力越强，但是紫外光信道是一个慢变信道，对算法的跟踪性能要求不是很高，因此紫外光通信中 RLS 算法的最佳遗忘因子取值为 1。

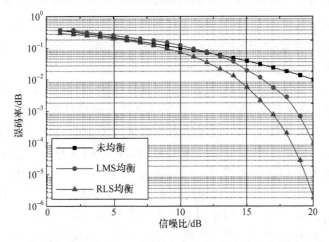

图 2.20　无线紫外光通信中 RLS 均衡、LMS 均衡和未均衡算法性能对比图

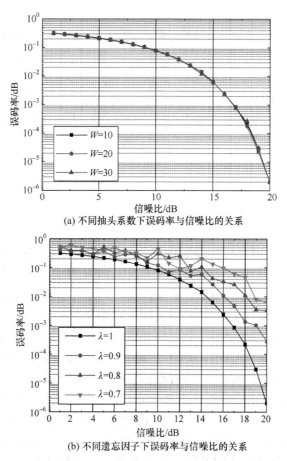

(a) 不同抽头系数下误码率与信噪比的关系

(b) 不同遗忘因子下误码率与信噪比的关系

图 2.21　RLS 算法中不同均衡器参数下误码率与信噪比的关系

　　下面分析紫外光通信参数对算法性能的影响。图 2.22 是信噪比为 18dB 时 RLS 算法中紫外光通信距离与误码率的关系变化曲线，随着通信距离的增大，误码率急剧上升，在距离为 250m 附近时误码率达到 10^{-3} 左右，随着通信距离的继续增大，已经无法保证紫外光的正常通信。通过对比未均衡条件下的变化曲线可以看出，在此仿真条件下，假设保证紫外光通信的最大误码率为 10^{-3}dB，则具有 RLS 均衡算法的紫外光通信系统的最大通信距离比未均衡条件下提升了将近 150m。图 2.23 中分析了信噪比为 18dB 时 RLS 算法中通信速率与误码率的关系，随着通信速率的提升，误码率随之变大，信道长度也随之变长，这时的码间干扰也越发严重，相比未均衡条件，相同误码率情况下 RLS 算法通信速率有明显的提升。通过分析可以看出无线紫外光通信中的码间干扰对通信距离和通信速率都有很大的影响，均衡算法可以有效降低码间干扰对通信性能的影响，并提升紫外光通信性能。

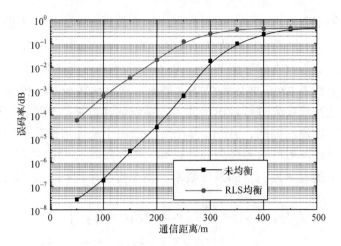

图 2.22　RLS 算法中紫外光通信距离与误码率的关系

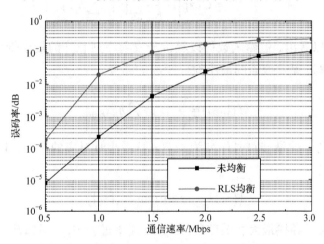

图 2.23　RLS 算法中紫外光通信速率与误码率的关系

2.3　无线紫外光通信常用算法

2.3.1　无线紫外光通信的非线性最优均衡算法

1. MLSE 算法

在紫外光通信中,最大似然序列估计(maximum-likelihood sequence estimation, MLSE)算法均衡器的设计思路是将具有码间干扰的紫外光信道看成一个 FIR 滤波器,接收端接收到的具有码间干扰的序列 $\{y_k\}$ 是发送序列 $\{x_k\}$ 通过信道系数为 $\{h_L\}$ 的 FIR 滤波器的结果。将每一个延时单元看成一个寄存器,信道长度 P

就是寄存器的个数。以 OOK 调制为例，$\{x_k\}$ 就是一个二进制离散序列，如果不考虑噪声干扰，只考虑码间干扰的影响，滤波器的输出可以由 2^P 个状态转移网格图来表示。假设发射数据的长度为 L_T，接收端可能接收到 2^{L_T} 种可能的码元序列，计算所有 2^{L_T} 可能序列的条件概率。通过比较分析，概率最大的序列被认为是最佳符号序列进行输出，此时，错误估计也被降至最低，这就是最大似然序列检测原理。因此，MLSE 算法通常被用于最优均衡器的设计[23]。

假设发射机发射的符号序列 $\{x_k\}$ 已知，接收码元 y_k 间彼此相互独立，从而可以得到整个接收序列 $\{y_k\}$ 的条件概率。整个接收序列 $\{y_k\}$ 的似然函数：

$$f\left(\{y_k\}\big|\{x_k\}\right) = \prod_{k=0}^{L_T-1} f\left(y_k\big|x_k,x_{k-1},\cdots,x_{k-p+1}\right)$$

$$= C\exp\left(-\frac{1}{N_0}\sum_{k=1}^{N-1}\left|y_k-\sum_{p=0}^{p-1}h_p x_{k-p}\right|^2\right) \tag{2.40}$$

从式(2.40)可以看出，似然函数可以等价于发射序列 $\{x_k\}$ 的最小价值函数，也就是在状态转移过程中搜索的最小欧氏距离的路径：

$$M\left(\{x_k\}\right) = \sum_{k=1}^{L_T-1}\left|y_k-\sum_{p=0}^{p-1}h_p x_{k-p}\right|^2 \tag{2.41}$$

在 MLSE 准则下的最佳符号序列为 $M\left(\{x_k\}\right)$ 最小时对应的序列，即最小度量对应的幸存序列：

$$\left(\{x_k\}\right)_{\text{mlse}} = \arg\min_{(\{x_k\})} M\left(\{x_k\}\right) \tag{2.42}$$

该度量为了寻找最大相关路径，在实际搜索过程中，y_k 只依赖于当前输入码元 x_k 和前 L_T-1 个码元序列($x_{k-1},x_{k-2},\cdots,x_{k-L_T+1}$)，而不是所有的输入符号序列。

2. 最优路径选取

对于最优传输路径的选取，可以通过 Viterbi 算法在状态转移网格图上寻找，其方法如下：

$$V_k = \sum_{m=0}^{k}\left|y_m-\sum_{p=0}^{p-1}h_p x_{k-p}\right|^2 = V_{k-1}+M_k \tag{2.43}$$

$$M_k = \left|y_k-\sum_{p=0}^{p-1}h_p x_{k-p}\right|^2 \tag{2.44}$$

V_k 是度量值积累到 k 时刻的累计度量，它是由 $k-1$ 时刻的累计度量 V_{k-1} 和

k 时刻的分支度量 M_k 两部分组成。对于二进制信号，从 $k-1$ 时刻到 k 时刻有两个不同的分支度量值，Viterbi 算法的原理是通过累计度量判别每一时刻状态转移的幸存路径以及竞争路径。

假设 k 时刻的状态为 s_k，那么进入 s_k 状态的两条路径有不同的分支度量值，将两条分支量值分别表示为 V_{k1} 和 V_{k2}。在两条路径进入同一路径之前，也就是 $k-1$ 时刻，具有相同的最小累积度量路径；在进入 s_k 状态时产生了两条分支度量，那么进入状态 s_k 的两条路径累积度量可以表示为 $V_1 = V_{k-1} + V_{k1}$ 和 $V_2 = V_{k-1} + V_{k2}$。假设 $V_{k1} < V_{k2}$，就有 $V_1 < V_2$，即路径 1 称为幸存路径，被保留，路径 2 称为竞争路径，被状态 s_k 舍弃，状态转移过程示意图如图 2.24 所示，最终通过最大似然检测后的输出序列就是所有幸存路径的联合。

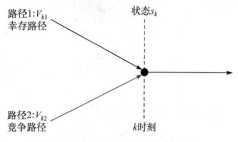

图 2.24　状态转移过程示意图

Viterbi 算法对幸存路径的选取并没有考虑所有的状态转移路径，而是沿着网格图保存每一次状态转移的幸存路径，在最终的 k 时刻，经过 2^{p-1} 次幸存路径转移后得到了 k 时刻的幸存序列，这种检测方法可以减少计算的复杂度。

3. 算法执行过程

在算法执行过程中，随着时间推移，输入序列变得越来越长，回溯长度也随之变长，存储器为了保存幸存路径也会随着回溯长度呈指数增长。最有效的解决办法就是限制回溯长度，实验证明，回溯长度 Q 的取值大于 $5P$(信道长度的 5 倍)时，系统性能不会受到影响[24]。由于 Viterbi 算法本身存在译码延时，均衡器在判决过程中也不可避免地引入了延时，无法对信道进行实时跟踪，延迟量的大小跟回溯长度的设置有关，设置固定回溯长度的优点是可以将延时固定。基于 Viterbi 算法 MLSE 均衡器的工作原理如图 2.25 所示。

2.3.2　无线紫外光通信的 MLSE 改进算法

1. MLSE 改进算法

MLSE 算法具有算法复杂度高、难以工程实现和判决延迟过大三大缺点，但是由于其优秀的均衡性能，MLSE 算法依然是近些年来的研究热点。针对判决延

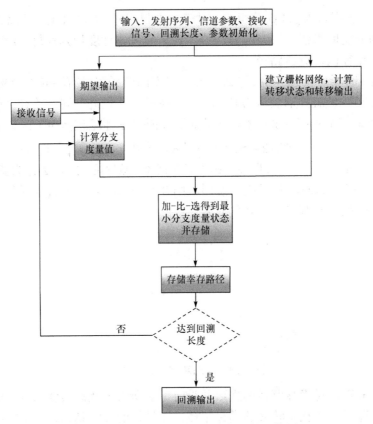

图 2.25　Viterbi 算法 MLSE 均衡器的工作原理

迟大难以实时跟踪信道变化这一缺点，目前主要有以下两种解决方法[25,26]。

(1) 先用一个较小的具有固定时延的线性或者 DEF 均衡器进行信道估计，实现信道跟踪，之后进行最优序列检测，即 TD-MLSE 算法。

(2) 采用逐幸存序列处理(per-survivor processing, PSP)的算法对每一次状态转移过程都进行一次信道估计，实现零延迟判决，即 PSP-MLSE 算法。

两种改进算法都具有其各自的优缺点，PSP-MLSE 算法是在 Viterbi 算法执行过程中将每次度量计算都与一个信道估计器联系，即每一次状态转移都要进行一次信道估计，信道跟踪与序列检测同时进行，而不需要等到序列检测完才进行信道估计，因此可以看作是无延时的，具有很强的跟踪性能，非常适合快速时变信道的通信系统[27]。但是算法中每次状态转移都需要各自的信道估计器，导致算法复杂度过高。TD-MLSE 算法同样可以解决算法延迟过大的问题，通过信道估计实现信道跟踪。因为该算法每经过一个固定时延长度就对信道进行一次估计，在快速时变信道中不能很好地跟踪信道的变化，导致其在快速时变信道下性能有所下降，但是算法的复杂度并没有提升，所以 TD-MLSE 算法比较适合于信道变化较慢的通信场景。

在实际应用中，可以根据算法的特性来灵活选取应用场景，紫外光通信的信道是一个最小相位系统，非常稳定，可以将紫外信道看作一个慢变信道。因此 TD-MLSE 算法非常适合紫外光通信，既可以降低判决延迟，实现信道跟踪，又不会提高算法的复杂度。

2. 基于 LMS 的 TD-MLSE 算法

改进型的 MLSE 算法首先经过一个小的固定延时进行信道跟踪，然后通过 LMS 信道估计器进行信道估计，MLSE 根据估计后的预测信道检测最优序列。基于 LMS 算法进行信道估计的 TD-MLSE 算法的性能主要依赖于信道估计的误差，LMS 算法的误差以及收敛速度主要与步长因子 μ 的选取有关。μ 越大，收敛速度越快，但是 μ 越小，信道估计的差错越小，因此在改进算法中，μ 的选取最好是在满足收敛要求的前提下尽可能取最小值。2.2.2 小节已经对于 LMS 算法的相关性能做了详细研究，这里不再阐述。但是值得注意的是，其中 LMS 算法是作为均衡算法来研究的，本节 LMS 算法是作为信道估计来分析的，算法的工作目的以及处理的数据是有区别的。在信道估计中接收序列 y_k 是期望信号，发射序列 x_k 是数据信号，在均衡中正好相反，接收序列 x_k 是期望信号，发射序列 y_k 是数据信号；此外 LMS 算法的权向量意义不同，均衡中权向量就是均衡向量，而信道估计中权向量代表信道估计后的信道参数向量。基于 LMS 信道估计的 TD-MLSE 算法的系统框图如图 2.26 所示。

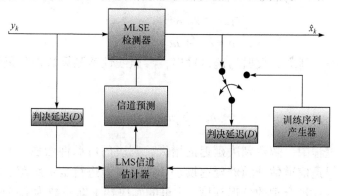

图 2.26　LMS 信道估计的 TD-MLSE 算法的系统框图

下面分析算法的执行过程，MLSE 具有 2^{P-1} 个栅格状态，在启用自适应算法之前，要在发射端发射一个短的已知训练序列对信道做一个最初的估计，对信道估计器的抽头系数做初始调整，并使用判决后的输出信号形成误差进行信道跟踪。信道的输出 y_k 与当前输入 x_k 以及前 $P-1$ 个数据符号 $(x_{k-1}, x_{k-2}, \cdots, x_{k-p+1})$ 有

关，此时的 x_k 是待检测码元，k 时刻的第 m 个信道状态可以表示为

$$s_k^m = \left\{ x_{k-1}, x_{k-2}, \cdots, x_{k-p+1} \right\} \tag{2.45}$$

以下为算法执行过程。

第一步：对所有状态点的累积度量值进行比较，获取最优幸存序列。假设 $k-1$ 时刻从状态 s_{k-1}^n 出发，在 k 时刻正好转移到状态 $s_k^{(m)}$，且仅在 k 时刻到达第 m 个信道状态，则 $k-1$ 时刻从 $s_{k-1}^{(n)}$ 转移到状态 $s_k^{(m)}$ 的差错以及度量计算为

$$\xi_k^{n \to m} = y_k - \hat{h}_{k-1} \cdot \left\{ x_k, s_k^m \right\} \tag{2.46}$$

$$M_k^{n \to m} = \left| \xi_k^{n \to m} \right|^2 \tag{2.47}$$

由于系统传输的是二进制符号序列，所以 $k-1$ 到 k 时刻有两种可能的状态索引，即 x_k 的可能取值有两种，则幸存路径的累计度量值为

$$V_k^m = \min_{s_k^{m_1}} \left(V_{k-1} + M_k^{n \to m} \right) \tag{2.48}$$

其中，s_k^m 是状态转移过程中度量较小的状态，则由状态 s_{k-1}^n 转移到 s_k^m 的路径被称为幸存路径。每一时刻都有 $m=2^{P-1}$ 种状态，随着数据的不断输入，m 从 1 到 2^{P-1} 不停重复，直到达到回溯长度，最优输出从 2^{P-1} 个幸存序列中选取。

第二步：信道参数更新。使用判决延迟和 LMS 算法对信道参数进行更新，若判决延迟为 D，则当前延迟后的信道参数 $\tilde{h}_{l-D}$ 并不代表当前的信道条件，最终信道估计输出由 $\hat{h}_k$ 表示，其误差信号以及信道的向量更新可以表示为

$$e_{k-D} = y_{k-D} - \tilde{h}_{k-D-1} \hat{x}_{k-d} \tag{2.49}$$

$$\tilde{h} = h_{k-1} + \mu e_{k-D} (\hat{x}_{k-d})^* \tag{2.50}$$

其中，$\hat{x}_{k-d}$ 表示判决后数据的延迟输出，参照线性预测算法得到最终的信道估计输出为

$$\hat{h}_k = \sum_{j=0}^{q} a_j \tilde{h}_{k-D-j} \tag{2.51}$$

在判决过程中，随着判决延迟的增大，判决的可靠性增强，使系统的跟踪性能降低，但是信道估计随着延迟增加不能及时地进行信道跟踪。因此，要在可靠性和延迟选择合理的延迟深度，这里的判决器更新系数为 D 个码元周期后的输入信号。

3. 延迟深度与步长因子的关系

基于信道估计的判决延迟算法与常规的 LMS 算法相比，延迟算法使用的并不是当前的误差信号和接收信号，而是使用延迟器延迟后的误差信号和接收

信号来进行信道预测和权系数更新，通过对延迟算法的性能分析，延迟 D 的引入对算法的稳态影响不大。对步长因子 μ 的选取相比传统 LMS 算法的步长因子选取（$0 < \mu < \dfrac{2}{\lambda_{\max}}$）更为严苛，它的收敛条件为[28]

$$0 < \mu < \frac{2}{\lambda_{\max}} \sin\left(\frac{\pi}{2(2D+1)}\right) \tag{2.52}$$

下面分析延迟深度与步长因子的变化关系，为保证算法收敛，μ 值的取值为保证系统收敛的上限值。如图 2.27 所示，随着延迟的增加，μ 值逐渐减小，各种近似的误差也逐渐增大。因此在算法运行中，要根据不同的延迟选择合适的 μ 值。

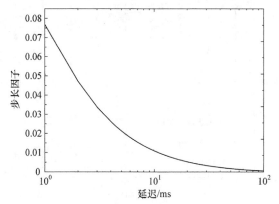

图 2.27　步长因子随延迟的变换关系

2.3.3　仿真结果与分析

1. 仿真数据分析与讨论

通过对 NLOS 紫外光单次散射通信模型和信道模型建模，对基于 LMS 信道估计的 TD-MLSE 均衡算法进行仿真分析，验证算法是否能有效减弱无线紫外光通信中接收脉冲展宽引起的码间干扰，提高紫外通信能。系统仿真参数如表 2.5 所示。

表 2.5　系统仿真参数

参数名称	数值	参数名称	数值
通信距离/m	200	通信速率/Mbps	1
接收半视场角 θ_r /(°)	30	发射发散半角 θ_t /(°)	15
接收仰角 β_r /(°)	60	发送仰角 β_t /(°)	60
大气散射系数 K_s /km^{-1}	0.49	大气吸收系数 K_a /km^{-1}	0.74

2. 仿真结果分析

1) 不同算法在紫外光通信中的性能对比

图 2.28 展示了本章讨论的所有算法对无线紫外光通信误码性能的影响，可以看出，基于 LMS 信道估计的 TD-MLSE 算法相比 LMS 和 RLS 两种判决反馈均衡器，在性能上有很大的提升。随着信噪比的增加，误码率明显降低，对紫外光非视距通信系统性能有很大的改善，并且改进算法的性能在没有增加算法复杂度的同时与最优 MLSE 算法性能相近。此外，对于紫外光这种慢变信道，可以很好地进行信道跟踪，有效降低了 MLSE 算法的判决延迟。

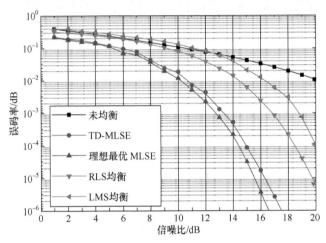

图 2.28　无线紫外光通信中不同算法误码率与信噪比关系图

2) 不同调制方式对改进算法的性能影响

目前无线紫外光通信的主要调制方式为 OOK 调制和 PPM，在给定系统模型的情况下，无线紫外光通信系统中使用这两种调制方式对均衡算法进行仿真，图 2.29 可以看出 PPM 算法性能与 OOK 调制的性能相似。相比 OOK 调制方式，PPM 方式可以在平均的相同光功率情况下达到更高的通信速率，而且信息是根据光脉冲时隙所在位置来传递的，是一种具有信道抗干扰能力的正交调制技术，非常适用于无线紫外光通信[29]。但是 MLSE 均衡是通过接收信号的条件概率密度函数来检测系统的最佳符号序列，在不同的调制方式下，序列的最大似然函数不变。

3) 延迟深度对改进算法性能的影响

无线紫外光通信信道是一个相对稳定的慢变信道，可以取得较好的均衡效果。采用判决延迟的信道估计方法，实现对无线紫外光通信中的信道信息进行及时更新。通过图 2.30 可知，当延迟选取为 0~20ms 时，基于无线紫外光通信中相对稳定的慢变信道，误码率的变化并不大；延迟从 20ms 增加到 50ms 的

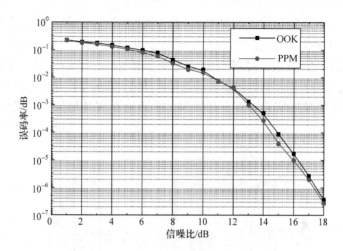

图 2.29 不同调制方式对误码率和信噪比的影响

过程中，由于信道更新不及时，引入的差错随着延迟的增大不断累积，导致误码率急剧上升；延迟大于 50ms 时，系统已无法进行正常通信。图中的三条曲线代表不同信噪比时，误码率随延迟的变化。可以看出，信噪比的变化对延迟的变化趋势并没有产生很大影响，只是提升了系统的误码性能。

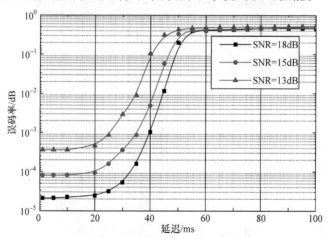

图 2.30 延迟与误码率和信噪比关系图

4) 改进算法对无线紫外光通信性能的提升

图 2.31(a)是信噪比为固定值 16dB 时，误码率随通信距离的变化曲线图，对比未均衡时的曲线变化，可以看出 TD-MLSE 算法对通信距离有一个很大的提高。假设满足正常紫外光通信的最大误码率为 10^{-3}，那么相比于未均衡状态时，TD-MLSE 算法的通信距离可达到 700m。但是信噪比恒定只是一种理想状态，在无线紫外光通信中随着通信距离的增加，要使信噪比保持不变，必须增

加发射功率。而近些年来无线紫外光通信中光源发展比较缓慢，适合无线紫外光通信的大功率高速可调的紫外光源还很少见。图 2.31(b)为发射功率恒定时通信距离与误码率的关系。可以看出，随着通信距离的增加，紫外光信号在大气中快速衰减，误码率急速增加，当通信距离大于 350m 时，由于大气的吸收和散射到达接收端的紫外信号已经十分微弱，随通信距离的增加，误码率变化不大。

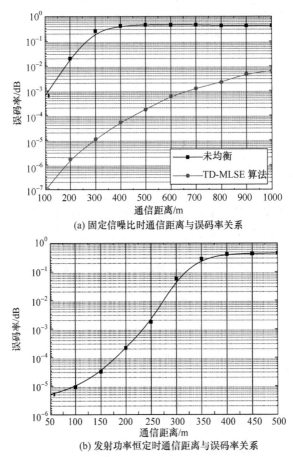

(a) 固定信噪比时通信距离与误码率关系

(b) 发射功率恒定时通信距离与误码率关系

图 2.31　通信距离与误码率关系图

　　图 2.32 分析了有、无均衡算法时通信速率对误码率的影响，随着通信速率的增加，信道长度也随之变大，通过仿真参数可以看出，通信速率从 1Mbps 到 2Mbps，信道的脉冲响应系数从原来的 5 阶变成了 9 阶。信道长度越长，码间干扰也就越严重，随着通信速率的增加，误码率也随之迅速增加。对比未均衡算法的误码率曲线可以看出，TD-MLSE 算法的均衡性能较好，同样以 10^{-3} 误码率为通信极限，可以将紫外光的通信速率提高到 3Mbps。

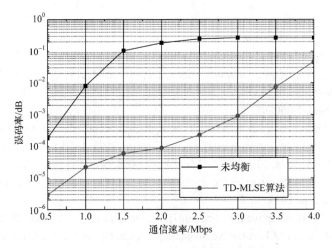

图 2.32　通信速率与误码率关系图

参 考 文 献

[1] 赵太飞, 柯熙政, 梁薇, 等. 紫外光散射通信中一种二级光学接收系统设计[J]. 压电与声光, 2011, 33(2):310-314.

[2] 赵太飞, 王小瑞, 柯熙政. 无线紫外光散射通信中多信道接入技术研究[J]. 光学学报, 2012, 32(3): 14-21.

[3] SADLER B M, CHEN G, DING H P, et al. Path loss modeling and performance trade-off study for short-range non-line-of-sight ultraviolet communications[J]. Optics Express, 2009, 17(5):3929-3940.

[4] HE Q, SADLER B M, XU Z. Modulation and coding tradeoffs for non-line-of-sight ultraviolet communications[J]. Proceedings of SPIE - The International Society for Optical Engineering, 2009, 7464:74640H-1-74640H-12.

[5] REILLY D M. Atmospheric optical communications in the middle ultraviolet [D]. Boston: Massachusetts Institute of Technology, 1976.

[6] 赵太飞, 柯熙政. Monte Carlo 方法模拟非直视紫外光散射覆盖范围[J]. 物理学报, 2012, 61(11): 114208-1-114208-12.

[7] 柯熙政. 紫外光自组织网络理论[M]. 北京: 科学出版社, 2011.

[8] 赵太飞, 张爱利, 金丹, 等. 无线紫外光非视距通信中链路间干扰模型研究[J]. 光学学报, 2013, 33 (7): 143-148.

[9] ZHAO T F, JIN D, XUE R L, et al. Analyzing of ultraviolet single scattering coverage for non-line-of-sight communication[C]. Iet Irish Signals & Systems Conference & China-Ireland International Conference on Information and Communications Technologies. IET, Limerick, 2014: 316-321.

[10] 罗畅. 非视距光通信信号处理研究与基带系统设计[D]. 北京: 中国科学院空间科学与应用研究中心, 2011.

[11] 张里荃. 紫外光大气传输特性的模拟研究[J]. 吉林大学学报(信息科学版), 2012, 30(5):

534-539.

[12] WANG L, LI Y, XU Z, et al. Wireless ultraviolet network models and performance in noncoplanar geometry[C]. Globecom Workshops. IEEE, Miami,2010:1037-1041.

[13] PALAIS J C. Fibert Optic Communications[J]. Physics Today, 1988, 41(10):92-94. .

[14] 赵太飞, 金丹, 宋鹏. 无线紫外光非视距通信信道容量估算与分析[J]. 中国激光, 2015, 42(6): 0605001-1-0605001-8.

[15] CHEN G, ABOUGALALA F, XU Z Y, et al. Experimental evaluation of LED-based solar blind NLOS communication links[J]. Optics Express, 2008, 16(19):15059-15068.

[16] ABDULRAHMAN M, SHEIKH A U H, FALCONER D D. Decision feedback equalization for CDMA in indoor wireless communications[J]. IEEE Journal on Selected Areas in Communications, 1994, 12(4):698-706.

[17] QURESHI S U H. Adaptive Equalization[J]. Proceedings of IEEE, 1985, 73(2):9-16.

[18] WIDROW B, HOFFM E. Adaptive Switching Circuits[C]. Ire Wescon Conv. Rec, New York, 1966, 5(4): 134-151.

[19] ABOULNASR T, MAYYAS K. A robust variable step-size LMS-type algorithm: Analysis and simulations[J]. IEEE Transactions on Signal Processing, 2002, 45(3):631-639.

[20] BERSHAD N J, MCLAUGHLIN S, COWAN C F N. Performance comparison of RLS and LMS algorithms for tracking a first order Markov communications channel[C]. IEEE International Symposium on Circuits and Systems. IEEE, New Orleans, 1990:266-270.

[21] 张贤达. 现代信号处理[M]. 北京:清华大学出版社, 2015.

[22] 黄泽. 紫外非视距通信的 MLSE 均衡器[J]. 计算机工程, 2012, 38(20):72-75.

[23] CHUGG K M, POLYDOROS A. MLSE for an unknown channel. I. Optimality considerations[J]. IEEE Transactions on Communications, 1996, 44(7):836-846.

[24] 鄂炜, 苏广川. 高速 Viterbi 译码器的优化和实现[J]. 电子技术应用, 2003, 29(4):50-51.

[25] 张蕊. MLSE 算法及性能研究[D]. 桂林：桂林电子科技大学, 2011.

[26] JOO J S. Adaptive PSP-MLSE using state-space based RLS for multi-path fading channels[J]. Ieice Transactions on Communications, 2008, 91-B(12):4024-4026.

[27] 许小东, 杨琳, 刘凯,等. 基于逐幸存路径处理的自适应减少状态序列估计[C]. 2006 年通信理论与信号处理年会, 北京, 2006: 266-271.

[28] LONG G, LING F, PROAKIS J G. The LMS Algorithm with Delayed Coefficient Adaptation[J]. IEEE Transactions on Signal Processing, 1989, 37(9):1397-1405.

[29] 曹付允, 徐军, 朱桂芳,等. 紫外激光通信中 PPM 与 Turbo 联合编码调制研究[J]. 应用光学, 2007, 28(2):201-204.

第 3 章　无线紫外光调制

3.1　无线紫外光湍流信道中的调制技术

无线紫外光通信调制技术影响着信息传输速率、所需宽带等性能,采用合理的调制技术,可以有效提高无线紫外光通信系统的传输速率,以及光功率利用效率、带宽效率等通信系统性能。本章首先介绍了目前最常用的四种不同的光强度调制方式:OOK 调制、PPM、差分脉冲位置调制(differential pulse position modulation,DPPM)、数字脉冲间隔调制(digital pulse interval modulation,DPIM),并比较分析了这四种不同调制方式的性能。其次介绍了多进制的脉冲幅度调制(pulse amplitude modulation, PAM)和正交幅度调制(quadrature amplitude modulation, QAM),计算了在无线紫外光大气湍流信道中 OOK、PPM、PAM 和 QAM 四种调制方式的误码率与信噪比的关系,并进行模拟仿真,得到适合无线紫外光湍流信道的调制方式。

3.1.1　调制原理

光调制是将信息先加载到(调制)光波上[1],然后把调制的载波信号传输到接收端,在接收端探测接收,最后得到所传输的原始发送信息。按光载波和光源的关系调制可分为直接调制和间接调制。

直接调制又被称为内调制,是指在光源震荡过程中加载调制信号,由调制信号控制半导体光源的频率、光强等振荡参数,从而改变半导体光源的输出特性。内调制技术由于容易实现、经济等优点被广泛应用于无线通信中。直接调制示意图如图 3.1 所示[1]。

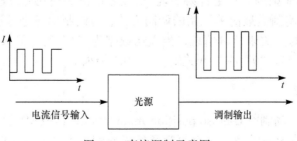

图 3.1　直接调制示意图

间接调制又被称为外调制，是指在光源形成后加载调制信号，具体方法是把光调制器放在激光器外的光路上，光信号通过调制器对光载波的频率、相位及幅度等进行调制。间接调制示意图如图 3.2 所示[1]。

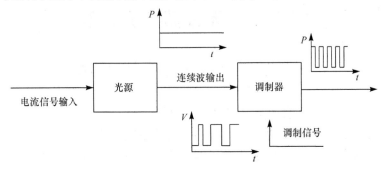

图 3.2　间接调制示意图

相比内调制，外调制虽然具有较好的调制性能，但是外调制器结构比较复杂，因此一般情况下在无线紫外光通信系统中采用内调制。常用的内调制方式有两种：调幅调制和调频调制。无线紫外光通信系统中一般使用调频调制，因为紫外光大气分子对紫外光具有强烈的吸收和散射作用，另外光电转化是非线性的，脉冲调制方式比正弦波调制方式更适用，所以无线紫外光通信系统选用脉冲调频调制。目前经常采用的无线紫外光调制方式有：OOK 调制、PPM、DPPM、DPIM，其中最简单的调制方式是 OOK 调制[2]。

3.1.2　常用的四种光调制技术

1. OOK 调制技术

OOK 调制又名二进制振幅键控(2ASK)，是振幅键控(ask modulation，ASK)调制的一个特例(一个幅度取为 0，一个幅度取为非 0)，以单极性不归零码来控制正弦波的开启与关闭。由于 OOK 调制的抗噪声性能和功率利用率不如其他调制方式，因此该调制方式目前不应用于卫星通信和数字微波通信，但由于 OOK 调制较其他调制方式更容易实现，所以被广泛应用在光纤通信和振幅键控方式中。OOK 调制是最简单原始的调制方式，对调制信息进行逐比特调制。利用紫外光信号的开关来传输信息，当发送数据为 "1" 时，开关打开，LED 发光；当发送数据为 "0" 时，开关闭合，LED 熄灭。

2. PPM 技术

单脉冲位置调制[2](L-pulse position modulation，L-PPM)的原理是把一组二进制的 n 位数据组映射为 $2n$ 个时隙所组成时间段上的某一个时隙处的单脉冲信号，只在这一个时隙发送脉冲，其他时隙不发送。一个 L_N 位的 PPM 信号可

传送的信源比特为 $\log_2 M$ 。如果将 n 位数据组表示为 $M=(m_1,m_2,\cdots,m_n)$,时隙位置记为 L_W ,则此 L-PPM 的编码映射关系 $\varPhi$ 可以写成如下数学关系:

$$\varPhi: L_W = m_1 + m_2 + \cdots\cdots 2^{n-1} m_n, \quad n \in \{0,1,\cdots,n-1\} \tag{3.1}$$

L-PPM 如图 3.3 所示。

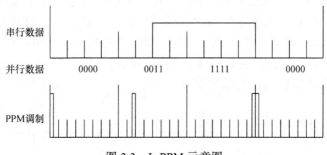

图 3.3　L-PPM 示意图

3. DPPM 技术

DPPM 是在 L-PPM 的基础上得到的[3]。通过上面的阐述可知在 L-PPM 一帧信号中只有一位时隙为 "1",其他时隙均为 "0"。DPPM 是 L-PPM 的改进,当判别到帧信号里的 "1" 时隙时,便不再输出。其与 L-PPM 的区别在于:输出一串 "0" 后跟着一位 "1",但是当输出 "1" 时,之后的 "0" 都不再输出。16-DPPM 的编码如表 3.1 所示。

表 3.1　原始信息与 16-DPPM 的映射关系

原始信息 $m_1m_2m_3m_4$	16-PPM 输出	16-DPPM 输出	原始信息 $m_1m_2m_3m_4$	16-PPM 输出	16-DPPM 输出
0000	1000000000000000	1	1000	0000000010000000	000000001
0001	0100000000000000	01	1001	0000000001000000	0000000001
0010	0010000000000000	001	1010	0000000000100000	00000000001
0011	0001000000000000	0001	1011	0000000000010000	000000000001
0100	0000100000000000	00001	1100	0000000000001000	0000000000001
0101	0000010000000000	000001	1101	0000000000000100	00000000000001
0110	0000001000000000	0000001	1110	0000000000000010	000000000000001
0111	0000000100000000	00000001	1111	0000000000000001	0000000000000001

4. DPIM 技术

DPIM 方式是 1998 年 Chassemlooy 以室内无线光通信为应用背景提出的[4]。DPIM 方式的实质是利用相邻两个脉冲之间时隙个数的多少来传递信息,DPIM

和 DPPM 中，每个符号的时隙数都是不固定的。在 DPIM 中每个符号会加一个空时隙的保护时隙，这样可以有效减少码间串扰，在解调时根据收到的空时隙个数进行减 1 的处理。

DPIM 的编码结构如图 3.4 所示。若 k 为原始信息符号所表示的十进制数，那么调制信息符号的时隙个数为 $k+2$，其中 k 个空时隙携带了信息符号，一个空时隙为保护时隙，另外一个为含有脉冲的时隙，位于每个符号的起始时隙。解调时，只要统计脉冲时隙后的空时隙个数，再进行减 1 就可以完成信号解调。解调过程和 DPPM 相比，DPIM 不需要复杂的符号信息同步，简化了操作系统的难度，容易实现更高的传输速率。

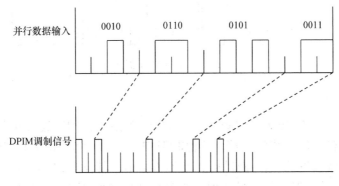

图 3.4　DPIM 的编码结构(调制阶数 M=4)

5. 各种调制技术性能比较

1) 功率利用率

为了统一对比条件，考虑在四种调制方式下发射一个相同的功率，以 OOK 调制作为基准对比不同调制方式所需的发射功率。在高斯噪声模型条件下，假设发射光脉冲为 "1" 时的功率为 P_1，在出现 "1" 和 "0" 概率相同的条件下，OOK 调制的平均发射功率为 $P_1/2$。

设 PPM 的位数为 L_B，其中 $L_B = 2^M$，也就是 1 个 PPM 符号由 2^M 个时隙组成，因为只有 1 个时隙发送光脉冲 "1"，所以 PPM 的发射功率可以表示为

$$P_{\mathrm{PPM}} = \frac{P_1}{2^M} = \frac{1}{2^{M-1}} P_{\mathrm{OOK}} \tag{3.2}$$

在 DPPM 方式下，由于时隙总数不固定，一般用平均时隙 $(2^M+1)/2$ 来代替时隙总数，即 1 个 DPPM 符号由 $(2^M+1)/2$ 个时隙组成，只有 1 个时隙发送光脉冲 "1"。DPPM 的发射功率可用下式表示

$$P_{\mathrm{DPPM}} = \frac{2P_1}{2^M+1} = \frac{4}{2^M+1} P_{\mathrm{OOK}} \tag{3.3}$$

DPIM 利用不同的时隙个数来传递不同信息，其调制转换后的平均符号的

时隙数一般用 $\dfrac{2}{2^M+3}$ 表示，则 DPIM 的发射功率为

$$P_{\mathrm{DPIM}} = \frac{2P_1}{2^M+3} = \frac{4}{2^M+3}P_{\mathrm{OOK}} \tag{3.4}$$

各种调制方式相对于 M 的平均发射功率如图 3.5 所示。

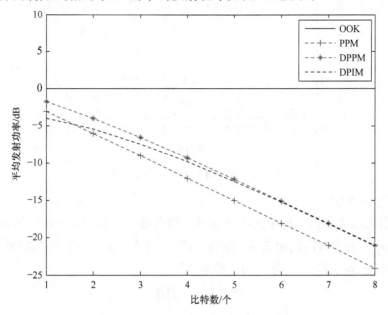

图 3.5　不同调制方式下平均发射功率比较

从图 3.5 中可以看出，发送相同数量的信息，在 M 个时隙内，OOK 调制所需功率最高，因此平均发射功率利用率为 PPM>DPIM>DPPM>OOK。当脉冲调制最低，M 越大，其他三种脉冲功率利用率越接近。

2) 带宽

假设给定相同比特速率 R_b，四种调制方式所需带宽分别如下[5]。

OOK 调制带宽：$B_{\mathrm{OOK}} = R_b$

PPM 带宽：$B_{\mathrm{PPM}} = L_B R_b / \log_2 L_B$

DPPM 带宽：$B_{\mathrm{DPPM}} = (L_B + 1) R_b / 2\log_2 L_B$

DPIM 带宽：$B_{\mathrm{DPIM}} = (L_B + 3) R_b / 2\log_2 L_B$

从图 3.6 中可以看出，M 一定时，以 OOK 调制作为基准进行对比，PPM 所需带宽高于 DPPM 和 DPIM，DPIM 所需带宽略高于 DPPM，OOK 调制所需带宽最小。当比特数增大时，PPM、DPPM 和 DPIM 调制所需带宽增大趋势明显，特别是 PPM。

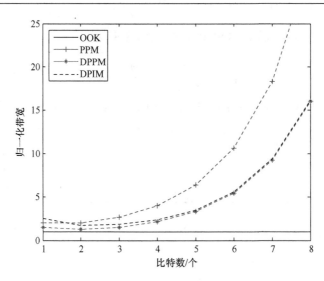

图 3.6　不同调制方式下带宽需求

3) 误码性能

假定无线光通信信道中只存在加性高斯白噪声，且噪声 $n(t)$ 的均值为 0，方差为 σ_n^2。若零判决门限为 b，则将 "1" 错判成 "0" 和将 "0" 错判为 "1" 的概率分别为 P_{10} 和 P_{01}，总的误时隙率[6]为

$$P_{\text{se}} = P_1 P_{01} + P_0 P_{10} \tag{3.5}$$

其中，

$$P_{01} = (1/2)\left\{1 + \text{erf}\left[\left(b - \sqrt{S_t}\right) / \sqrt{2\sigma_n^2}\right]\right\}$$

$$P_{10} = (1/2)\left\{1 - \text{erf}\left[b / \sqrt{2\sigma_n^2}\right]\right\}$$

$$\text{erf}(x) = \frac{2}{\sqrt{\pi}} \int_0^x \exp(-u^2)\mathrm{d}u$$

假设在调制信息源中，"1" 和 "0" 的出现概率相等，在 OOK 调制中，$b = (S_t)^{1/2} / 2$ 为最佳判决门限，则 OOK 调制的误时隙率为

$$P_{\text{se,OOK}} = \frac{1}{2}P_{01} + \frac{1}{2}P_{10} = \frac{1}{2}\text{erfc}\left(\sqrt{S_t / 2\sigma_n^2} / 2\right) \tag{3.6}$$

同理可得 PPM、DPPM、DPIM 的误时隙率分别为

$$P_{\text{se,PPM}} = \frac{1 + \text{erf}\left[\left(b - \sqrt{S_t}\right) / \sqrt{2\sigma_n^2}\right] + (2^M - 1)\left[1 - \text{erf}\left(b / \sqrt{2\sigma_n^2}\right)\right]}{2^{M-1}} \tag{3.7}$$

$$P_{\mathrm{se,DPPM}} = \frac{1 + \mathrm{erf}\left[\left(b - \sqrt{S_{\mathrm{t}}}\right)/\sqrt{2\sigma_n^2}\right] + \left[\left(2^M - 1\right)/2\right]\left[1 - \mathrm{erf}\left(b/\sqrt{2\sigma_n^2}\right)\right]}{2^M + 1} \tag{3.8}$$

$$P_{\mathrm{se,DPIM}} = \frac{1 + \mathrm{erf}\left[\left(b - \sqrt{S_{\mathrm{t}}}\right)/\sqrt{2\sigma_n^2}\right] + \left[\left(2^M + 1\right)/2\right]\left[1 - \mathrm{erf}\left(b/\sqrt{2\sigma_n^2}\right)\right]}{2^M + 3} \tag{3.9}$$

以上三种调制方式的最佳判决门限分别为

$$b_{\mathrm{PPM}} = \frac{2\sigma_n^2 \ln\left(2^M - 1\right) + S_{\mathrm{t}}}{2\sqrt{S_{\mathrm{t}}}} \tag{3.10}$$

$$b_{\mathrm{DPPM}} = \frac{2\sigma_n^2 \ln\left(2^{M-1}\right) + S_{\mathrm{t}}}{2\sqrt{S_{\mathrm{t}}}} \tag{3.11}$$

$$b_{\mathrm{DPIM}} = \frac{2\sigma_n^2 \ln\left(2^{M-1} + 1/2\right) + S_{\mathrm{t}}}{2\sqrt{S_{\mathrm{t}}}} \tag{3.12}$$

在最佳判决门限下各调制方式信噪比对不同调制方式误时隙率的影响如图 3.7 所示，其中定义信噪比为 $S_{\mathrm{t}}/2\sigma_n^2$。

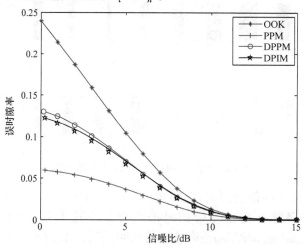

图 3.7　信噪比对不同调制方式误时隙率的影响(M=4)

从图 3.7 可以看出，四种调制方式的误时隙率都是随着信噪比的增加而减小，相同信噪比下，OOK 调制的误时隙率最大，PPM 的误时隙率最小。

本节介绍了 OOK 调制、PPM、DPPM 和 DPIM 的基本原理，并且从功率利用率、带宽需求、误时隙率三个方面对比分析了四种调制方式的性能。通过综合各项指标可知，PPM 所需发射功率最低，误时隙率最低，但带宽效率比较低，下面将介绍多进制的 PAM 和 QAM。

3.1.3 脉冲振幅调制与正交幅度调制

1. PAM

PAM 是脉冲调制的一种, 如图 3.8 所示。脉冲调制包括 PAM、PDM、PPM 等。图 3.8 中第二行为 PAM。

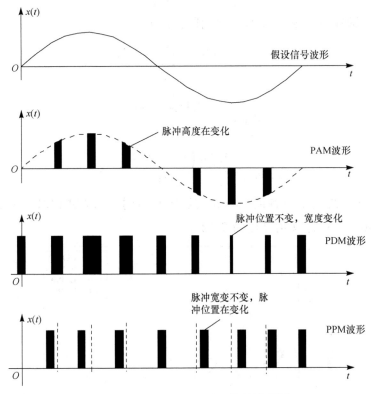

图 3.8 PAM、PDM、PPM 信号波形图

PAM 把要发送的信息调制在脉冲幅度上[7], 也就是利用基带信号改变脉冲的幅度, 使数字脉冲携带基带信号的信息。多进制脉冲调制(m-ary pulse amplitude modulation, MPAM)是多进制的脉冲调制, 用 M 代表进制数, 即调制阶数, M 值越大, 说明每个信息码元中携带的有效比特率越多, 带宽效率越高。但 M 值过高也会导致误码率增加等问题, 因此在 MPAM 中, 选取合适的 M 值对系统的性能有重要影响。

MPAM 误码率为

$$P_{\mathrm{MPAM}} = \frac{2(M-1)}{M} Q \left[\sqrt{\frac{2d^2}{N_0}} \right] \tag{3.13}$$

其中, d 为相邻幅度电平之间的欧几里得距离。若各符号等概率出现, 则每个

符号的平均能量为

$$E_s = \frac{1}{M}\sum_{i=0}^{M-1}\int_0^T S_i^2(t)\mathrm{d}t = \frac{M^2-1}{3}d^2 \tag{3.14}$$

联合式(3.13)和式(3.14)可得 M 元 PAM 的误码率为

$$P_{\mathrm{PAM}} = \frac{2(M-1)}{M}Q\left[\sqrt{\frac{6}{(M^2-1)}\left(\frac{E_s}{N_0}\right)}\right] \tag{3.15}$$

其中，E_s/N_0 是平均比特信噪比。

2. QAM

QAM 技术[8]是一种频谱利用率较高的信道调制方式，利用两路独立的基带数字信号对两路相互正交的同频正弦载波进行抑制载波双边带调制，相当于将 ASK 和 PSK 信号整合在一个信道内传输。QAM 最突出的优点是频带利用率高，抗噪声能力强等，可以适应不同传输环境和不同传输信源，自动调制其调制速率，可以有效缓解资源稀缺和现代通信技术要求高速率这一矛盾。

(1) QAM 的时域表达式为

$$S_{\mathrm{QAM}}(t) = \left[\sum_{i=-\infty}^{\infty} A_i g(t-nT_s)\right]\cos(\omega_c+\varphi_i) \tag{3.16}$$

其中，A_i 为数字基带信号第 i 个码元的振幅值；φ_i 为数字基带信号第 i 个码元的初始相位；T_s 为脉冲时间间隔；$g(t)$ 是高度为 1 的矩形脉冲；ω_c 为载波频率，将式(3.16)展开可得

$$S_{\mathrm{QAM}}(t) = \left[\sum_{i=-\infty}^{\infty} A_i g(t-nT_s)\cos\varphi_i\right]\cos\omega_c - \left[\sum_{i=-\infty}^{\infty} A_i g(t-nT_s)\sin\varphi_i\right]\sin\omega_c \tag{3.17}$$

其中，$\left[\sum_{i=-\infty}^{\infty} A_i g(t-nT_s)\cos\varphi_i\right]\cos\omega_c$ 和 $-\left[\sum_{i=-\infty}^{\infty} A_i g(t-nT_s)\sin\varphi_i\right]\sin\omega_c$ 为正交分量，可以看作是两路相互独立的数字基带信号。原则上任何信号都可以用正交调制来实现，而正交调制的频谱利用率是单相调制频谱利用率的两倍。

(2) QAM 原理如图 3.9 所示。输入二进制数字基带信号经串并转换输出后，形成两路并行二进制数据序列，每路信号输出速率减半，再经 2-L 电平转换(二进制信号转换为 L 电平的多进制信号)，形成两路基带信号。将两路基带信号通过低通滤波器进行预调制处理(抑制已调信号的调制谱的旁瓣，提高调制效率)，然后将滤波后的两路基带信号分别与一对严格同频正交的载波信号正交调制，最后相互叠加，可得到不同幅度和相位的 QAM 已调输出信号。

因为 QAM 信号的产生可以看作是两个相互正交且独立的 PAM 信号的叠加，所以 QAM 信号的误码率可以很容易由 PAM 误码率求得，且与 PAM 误码

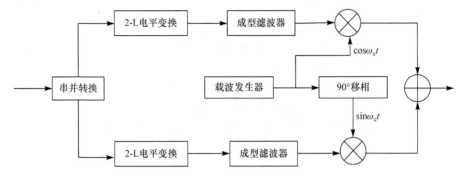

图 3.9　QAM 原理图

率具有相同的形式。则根据式(3.15)可得 QAM 的误码率为

$$P_{\text{QAM}} = \frac{2(I-1)}{I} Q\left[\sqrt{\frac{6}{(I^2-1)}\left(\frac{E_s}{N_0}\right)} \right], \qquad I^2 = M \tag{3.18}$$

3.1.4　对数正态分布调制误码性能分析

对于无线紫外光通信而言,较强的功率利用率可以提高紫外 LED 光源的寿命。从前面的章节可以分析得出, PPM 在功率利用率方面具有很大的优势,因此非常适用于无线紫外光通信系统中。下面主要把 OOK 调制和 PPM 作为基准,分析弱湍流模型下 OOK 调制、PPM、PAM 和 QAM 的误码性能。

1) LOS 通信

弱湍流信道下,光强分布服从对数正态(log-normal)分布,紫外光不同调制方式的误码率可以表示为

$$P_{\text{LOS}} = \int_0^\infty f(I)P(I)\mathrm{d}I \tag{3.19}$$

其中, $P(I)$ 为无线紫外光通信系统接收端的误码率; $f(I)$ 为正态分布概率密度函数,可表示如下:

$$f(I) = \frac{1}{2\sqrt{2\pi}\sigma_{\ln I} I} \exp\left[-\frac{\left(\ln \dfrac{I}{I_0} - \dfrac{1}{2}\sigma_{\ln I}^2\right)^2}{2\sigma_{\ln I}^2} \right] \tag{3.20}$$

接收端光电倍增管输出的电信号可以表示为

$$y(t) = A(t)X(t) + n(t) \tag{3.21}$$

其中, $A(t)$ 是由湍流引起的衰落信号; $X(t)$ 是发射的紫外光信号; $n(t)$ 是高斯白噪声。在无湍流的高斯信道下,采用 OOK 调制无线紫外光通信系统的误码

率为

$$P_{\text{OOK}} = Q\left(\frac{\sqrt{\text{SNR}_{\text{LOS}}}}{2}\right) \tag{3.22}$$

其中，SNR_{LOS} 是紫外 LOS 通信时的信噪比；$Q(\cdot)$ 函数由码 "0" 和 "1" 的噪声功率、接收到的码平均信号强度及设定的判定阈值决定。

则弱湍流紫外光 LOS 通信时 OOK 调制误码率为

$$P_{\text{OOK,LOS}} = \int_0^\infty f(I)Q\left(\frac{\sqrt{\text{SNR}_{\text{LOS}}}I}{2}\right)\text{d}I \tag{3.23}$$

同理，可得出 PPM、PAM、QAM 在无湍流高斯信道下无线紫外光通信系统的误码率分别为

$$P_{\text{PPM}} = \frac{L_{\text{B}}}{2}Q\left(\frac{\sqrt{L_{\text{B}}\log_2 L_{\text{B}}\text{SNR}_{\text{LOS}}}}{8}\right) \tag{3.24}$$

$$P_{\text{PAM}} = \frac{2(L_{\text{B}}-1)}{L_{\text{B}}\log_2 L_{\text{B}}}Q\left(\frac{\sqrt{\log_2 L_{\text{B}}\text{SNR}_{\text{LOS}}}}{2(L_{\text{B}}-1)}\right) \tag{3.25}$$

$$P_{\text{QAM}} = \frac{2(L_{\text{B}}-1)}{L_{\text{B}}\log_2 L_{\text{B}}}Q\left(\frac{\sqrt{\log_2 L_{\text{B}}\text{SNR}_{\text{LOS}}}}{8(L_{\text{B}}-1)}\right) \tag{3.26}$$

则弱湍流紫外光 LOS 通信时 PPM、PAM、QAM 误码率分别为

$$P_{\text{PPM,LOS}} = \int_0^\infty f(I)\frac{L_{\text{B}}}{2}Q\left(\frac{\sqrt{L_{\text{B}}\log_2 L_{\text{B}}\text{SNR}_{\text{LOS}}}I}{8}\right)\text{d}I \tag{3.27}$$

$$P_{\text{PAM,LOS}} = \int_0^\infty f(I)\frac{2(L_{\text{B}}-1)}{L_{\text{B}}\log_2 L_{\text{B}}}Q\left(\frac{\sqrt{\log_2 L_{\text{B}}\text{SNR}_{\text{LOS}}}I}{2(L_{\text{B}}-1)}\right)\text{d}I \tag{3.28}$$

$$P_{\text{QAM,LOS}} = \int_0^\infty f(I)\frac{2(L_{\text{B}}-1)}{L_{\text{B}}\log_2 L_{\text{B}}}Q\left(\frac{\sqrt{\log_2 L_{\text{B}}\text{SNR}_{\text{LOS}}}I}{8(L_{\text{B}}-1)}\right)\text{d}I \tag{3.29}$$

2) NLOS 通信

弱湍流紫外光 NLOS 通信时，不同调制方式的误码率可以表示为

$$P_{\text{NLOS}} = \int_0^\infty f(i_{r_2})P(i_{r_2})\text{d}i_{r_2} \tag{3.30}$$

其中，$f(i_{r_2})$ 为紫外光 NLOS 通信时接收端强度分布概率密度函数；$P(i_{r_2})$ 为无线紫外光通信系统接收端的误码率。

弱湍流紫外光 NLOS 通信时 OOK 调制误码率为

$$P_{\text{OOK,NLOS}} = \int_0^\infty f(i_{r_2}) Q\left(\frac{\sqrt{\text{SNR}_{\text{NLOS}}} i_{r_2}}{2} \right) di_{r_2} \tag{3.31}$$

弱湍流紫外光 NLOS 通信时 PPM 误码率为

$$P_{\text{PPM,NLOS}} = \int_0^\infty f(i_{r_2}) \frac{L_B}{2} Q\left(\frac{\sqrt{L_B \log_2 L_B \text{SNRN}_{\text{LOS}}} i_{r_2}}{8} \right) di_{r_2} \tag{3.32}$$

弱湍流紫外光 NLOS 通信时 PAM 误码率为

$$P_{\text{PAM,NLOS}} = \int_0^\infty f(i_{r_2}) \frac{2(L_B - 1)}{L_B \log_2 L_B} Q\left(\frac{\sqrt{\log_2 L_B \text{SNRN}_{\text{LOS}}} i_{r_2}}{2(L_B - 1)} \right) di_{r_2} \tag{3.33}$$

弱湍流紫外光 NLOS 通信时 QAM 误码率为

$$P_{\text{QAM,NLOS}} = \int_0^\infty f(i_{r_2}) \frac{2(L_B - 1)}{L_B \log_2 L_B} Q\left(\frac{\sqrt{\log_2 L_B \text{SNRN}_{\text{LOS}}} i_{r_2}}{8(L_B - 1)} \right) di_{r_2} \tag{3.34}$$

3.1.5　仿真结果与分析

本小节仿真分析了 OOK 调制、PPM、PAM、QAM 四种调制技术在弱湍流条件 LOS 和 NLOS 两种通信方式下的误码性能。

1. LOS 条件下性能仿真

当 $M=4$，在不同闪烁指数下 LOS 通信时，OOK 调制、PPM、PAM、QAM 的误码率如图 3.10 所示。其中图 3.10(a)～(c)中的闪烁指数分别为 $\sigma_s = 0.1$，$\sigma_s = 0.2$，$\sigma_s = 0.3$。

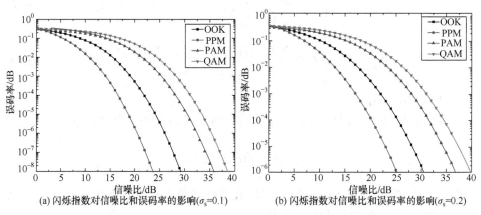

(a) 闪烁指数对信噪比和误码率的影响($\sigma_s = 0.1$)　　　(b) 闪烁指数对信噪比和误码率的影响($\sigma_s = 0.2$)

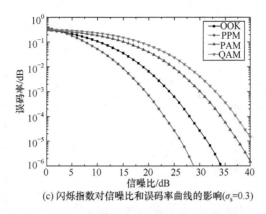

(c) 闪烁指数对信噪比和误码率曲线的影响(σ_s=0.3)

图 3.10　LOS 条件和不同闪烁指数下不同调制方式对信噪比和误码率的影响

由图 3.10 可以看出，不同调制方式的误码率随着信噪比的增大而逐渐减小。当信噪比相同时，几种调制方式中，PPM 的性能最好，其次是 OOK 调制、PAM，QAM 的性能最差。图 3.10(a)中，当信噪比为 25dB 时，OOK 调制、PPM、PAM 和 QAM 的误码率分别为 1.18×10^{-5}dB、6.01×10^{-9}dB、2.42×10^{-3}dB 和 1.22×10^{-2}dB。图 3.10(b)中，当信噪比为 25dB 时，OOK 调制、PPM、PAM 和 QAM 的误码率分别为 2.45×10^{-4}dB、3.41×10^{-6}dB、6.92×10^{-3}dB 和 1.22×10^{-2}dB。图 3.10(c)中，当信噪比为 25dB 时，OOK 调制、PPM、PAM 和 QAM 的误码率分别为 1.05×10^{-3}dB、5.22×10^{-5}dB、1.25×10^{-2}dB、3.08×10^{-2}dB。比较可得出，相同信噪比下，LOS 通信采用不同的调制方式，随着闪烁指数的增大，误码性能逐渐变差。

图 3.11 仿真分析了 LOS 条件下 4-PPM、8-PPM、16-PPM(4、8、16 指多进制脉冲位置调制阶数)的误码性能，其中闪烁指数 σ_s=0.1。从图 3.11 中可以看出，PPM 的误码率随着信噪比的增大而逐渐减小。随着调制阶数的增大，PPM 的性能越来越好，16-PPM 的性能最好，其次是 8-PPM，4-PPM 的性能最差。当信噪比为 20dB 时，4-PPM、8-PPM、16-PPM 的误码率分别为 7.22×10^{-6}dB、3.29×10^{-12}dB、1.88×10^{-22}dB，从以上结论得出，可以通过增加阶数 M 来提高湍流信道无线紫外光通信性能，但阶数增加的同时也增加了调制和解调的复杂性，因此在无线紫外光通信中要根据通信信道的不同特点来选择合理的调制方式。

图 3.12 仿真分析了 LOS 条件下 4-PAM、8-PAM、16-PAM 的误码性能，闪烁指数 σ_s=0.1。从图 3.12 中可以看出，PAM 的误码率随着信噪比的增大而逐渐减小。随着 M 的增大，PAM 的性能越来越差，4-PAM 的性能最好，其次是 8-PAM，16-PAM 的性能最差。当信噪比为 30dB 时，4-PAM、8-PAM、16-PAM 的误码率分别为 4.42×10^{-5}dB、2.71×10^{-3}dB、2.35×10^{-2}dB。

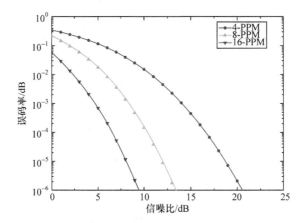

图 3.11　LOS 条件下 PPM 误码率曲线(σ_s=0.1)

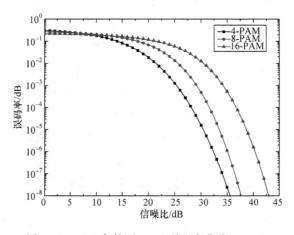

图 3.12　LOS 条件下 PAM 误码率曲线(σ_s=0.1)

图 3.13 仿真分析了 LOS 条件下 16-QAM、64-QAM、256-QAM 的误码性能,闪烁指数 σ_s =0.1,QAM 的误码率随着信噪比的增大而逐渐减小。随着 QAM 的调制阶数增大,QAM 的性能越来越差,16-QAM 的性能最好,其次是 64-QAM,256-QAM 的性能最差。当信噪比为 30dB 时,16-QAM、64-QAM、256-QAM 的误码率分别为 6.09×10^{-4} dB 、 1.23×10^{-2} dB 、 5.15×10^{-2} dB 。

2. NLOS 条件下性能仿真

当 M=4,不同闪烁指数下 NLOS 通信时,OOK 调制、PPM、PAM、QAM 的误码性能如图 3.14 所示。其中图 3.14(a)中的闪烁指数 σ_s =0.1,图 3.14(b)中的闪烁指数 σ_s =0.2,图 3.14(c)中的闪烁指数 σ_s =0.3。

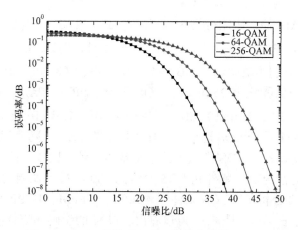

图 3.13　LOS 条件下 QAM 误码率曲线(σ_s=0.1)

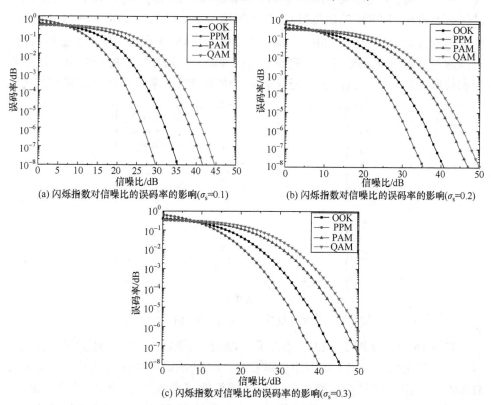

(a) 闪烁指数对信噪比的误码率的影响(σ_s=0.1)

(b) 闪烁指数对信噪比的误码率的影响(σ_s=0.2)

(c) 闪烁指数对信噪比的误码率的影响(σ_s=0.3)

图 3.14　NLOS 条件和不同闪烁指数下不同调制方式对信噪比和误码率曲线的影响

由图 3.14 可以看出，不同调制方式的误码率随着信噪比和增大而逐渐减小。当信噪比相同时，几种调制方式中，PPM 的性能最好，其次是 OOK 调制和 PAM，QAM 的性能最差。图 3.14(a)中，当信噪比为 25dB 时，OOK 调制、

PPM、PAM、QAM 的误码率分别为 2.32×10^{-3} dB 、 2.35×10^{-5} dB 、 3.82×10^{-2} dB 、 8.33×10^{-2} dB 。图 3.14(b)中，当信噪比为 25dB 时，OOK 调制、PPM、PAM、QAM 的误码率分别为 7.38×10^{-3} dB、 4.90×10^{-4} dB、 5.08×10^{-2} dB、 9.47×10^{-2} dB。图 3.14(c)中，当信噪比为 25dB 时，OOK 调制、PPM、PAM、QAM 的误码率分别为 1.40×10^{-2} dB 、 2.10×10^{-3} dB 、 6.19×10^{-2} dB 、 1.05×10^{-1} dB 。比较可得出，在相同噪声比条件下，NLOS 通信时，采用不同调制方式，随着闪烁指数的增大，误码性能逐渐变差，与 LOS 模型下的结果基本一致。比较这两种通信方式，在闪烁指数增大的情况下，紫外光 LOS 通信比 NLOS 通信调制的误码性能要好。

图 3.15 仿真分析了 NLOS 条件下 4-PPM、8-PPM、16-PPM 的误码性能，其中，闪烁指数 σ_s =0.1。图 3.15 可以看出，PPM 的误码率随着信噪比的增大而逐渐减小。随着调制阶数的增大，PPM 的性能越来越好，16-PPM 的性能最好，其次是 8-PPM，4-PPM 的性能最差。当信噪比为 20dB 时，4-PPM、8-PPM、16-PPM 的误码率分别为 2.29×10^{-3} dB 、 1.81×10^{-6} dB 、 6.84×10^{-10} dB 。从以上分析得出，可以通过增加阶数来提高无线紫外光通信性能，但增加阶数的同时也增加了调制和解调的复杂性，因此要根据通信信道的不同特点来选择合理的调制方式。

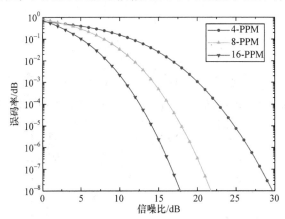

图 3.15　NLOS 条件下 PPM 误码率曲线(σ_s=0.1)

图 3.16 仿真分析了 NLOS 条件下 4-PAM、8-PAM、16-PAM 的误码性能，其中，闪烁指数 σ_s =0.1。从图中可以看出，PAM 的误码率随着信噪比的增大而逐渐减小。随着调制阶数的增大，PAM 的性能越来越差，4-PAM 的性能最好，其次是 8-PAM，16-PAM 的性能最差。当信噪比为 30dB 时，4-PAM、8-PAM、16-PAM 的误码率分别为 4.44×10^{-3} dB 、 3.56×10^{-2} dB 、 8.64×10^{-2} dB 。

图 3.17 仿真分析了 NLOS 条件下 16-QAM、64-QAM、256-QAM 的误码性能，其中，闪烁指数 σ_s =0.1。从图中可以看出，QAM 的误码率随着信噪比的

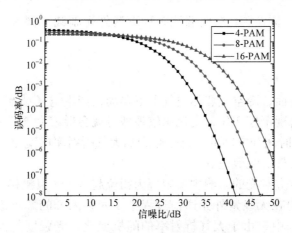

图 3.16 NLOS 条件下 PAM 误码率曲线($\sigma_s=0.1$)

增大而逐渐减小。随着调制阶数的增大，QAM 的性能越来越差，16-QAM 的性能最好，其次是 64-QAM，256-QAM 的性能最差。当信噪比为 30dB 时，16-QAM、64-QAM、256-QAM 的误码率分别为 $1.88\times10^{-3}\,\text{dB}$、$7.30\times10^{-2}\,\text{dB}$、$1.21\times10^{-1}\,\text{dB}$。根据已有的文献结论，调制阶数的增大可以提高 QAM 的传输速率，但是阶数提高的同时，在实际应用中抗干扰能力变弱。

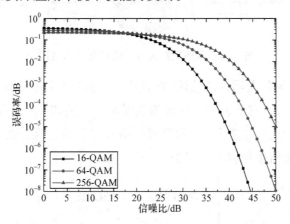

图 3.17 NLOS 条件下 QAM 误码率曲线($\sigma_s=0.1$)

3.2 弱湍流条件下的无线紫外光副载波调制技术

无线紫外光在近地大气层传输过程中会受到大气分子和气溶胶粒子的共同作用，主要影响有三个方面：大气分子的吸收与散射、气溶胶粒子散射引起的大气衰减，以及大气湍流引起的湍流效应。大气湍流会对无线紫外光通信系统的性能造成严重的影响，研究表明副载波调制技术是一种有效抑制湍流效应的调制技术，本节主要对弱湍流条件下紫外光副载波调制技术的性能进行分析。

3.2.1　湍流效应

在地球的表面，冷空气和热空气上下移动，产生空气对流。大气中各点的高度、温度和密度不停变化，变化比较强烈时就会形成大气湍流。大气的折射率跟密度相关，时间和空间的变化也会影响大气折射率的变化，毫无规律可循，这样就产生了大气湍流效应。

大气湍流效应对光的影响主要表现为相位起伏、光束飘移、光强闪烁及散射等效应，其中在无线紫外光通信过程中，光强闪烁的影响最严重。紫外光在大气传输过程中，由于大气折射率的随机变化，光强度忽大忽小、忽明忽暗，形成光强闪烁。光强闪烁会引起无线紫外光通信系统接收端光电探测出来的电流不断变化，噪声也随之增加，造成误码率不断增大。因此，紫外光在通信过程中，系统的性能与大气折射率有很大关系。图 3.18 为紫外光在大气湍流传播的示意图。

图 3.18　紫外光在大气湍流传播的示意图

对于局地均匀各向同性的湍流，通常用大气折射率结构常数 C_n^2 来描述大气折射率的变化情况，它是表征大气湍流强弱的重要参数。湍流强度越大，C_n^2 越大；湍流强度越小，C_n^2 越小。湍流强度一般可以分为三类：强湍流、中湍流和弱湍流。C_n^2 的取值也可以分为三类：

$$\begin{cases} C_n^2 \geqslant 10^{-12}\,m^{-\frac{2}{3}}, & \text{强湍流} \\[2mm] C_n^2 \approx 10^{-14}\,m^{-\frac{2}{3}}, & \text{中湍流} \\[2mm] C_n^2 \leqslant 10^{-16}\,m^{-\frac{2}{3}}, & \text{弱湍流} \end{cases} \tag{3.35}$$

大气折射率结构常数 C_n^2 模型很多，最著名的是修正 Hufnagel-Valley(HV)模型[9]：

$$C_n^2 = 8.16 \times 10^{-54} h^{10} e^{-h/1000} + 3.02 \times 10^{-17} e^{-h/1500} + 1.90 \times 10^{-15} e^{-h/100} \tag{3.36}$$

其中，h 表示海拔(单位：m)。一般而言，近地面处 C_n^2 的典型值从 $10^{-12} m^{-2/3}$ (强湍流)到 $10^{-18} m^{-2/3}$ (弱湍流)。由于大气湍流的强弱与大气对流的强弱密切相关，随着海拔的增加，大气湍流的强度减弱，大气湍流结构常数 C_n^2 减小。总之，C_n^2 不仅与海拔有关，还与温度的变化有关，并随着天气、季节以及地理环境的不同而不断变化。

3.2.2　大气湍流模型

1. log-normal 分布模型

光波经过不同强度的大气湍流后，大气折射率的起伏导致光强发生起伏。一般认为光波通过大气弱湍流后光强起伏服从对数正太分布(log-normal distribution)。该分布是由 Rytov 近似得到的，根据中心极限定律得到光强起伏服从正态分布规律。在弱湍流情况下，对数振幅 X 服从高斯分布，其概率密度函数为

$$f(X) = \frac{1}{\sqrt{2\pi}\sigma_X} \exp\left\{ -\frac{\left[X - E[X]\right]^2}{2\sigma_X^2} \right\} \tag{3.37}$$

其中，σ_X^2 为对数振幅方差；$E[X]$ 为 X 的均值。光强 I 和对数振幅 X 关系表示如下：

$$I = I_0 \exp\left(2X - E[X]\right) \tag{3.38}$$

其中，I_0 为光强的均值，同时可以推出：

$$E[I] = I_0 \exp\left(2\sigma_X^2\right) \tag{3.39}$$

$$\sigma_{\ln I}^2 = 4\sigma_X^2 \tag{3.40}$$

$$\sigma_I^2 = \exp\left(4\sigma_X^2\right) - 1 \tag{3.41}$$

其中，σ_I^2 为光强起伏方差；$\sigma_{\ln I}^2$ 为对数强度方差。在弱湍流区，光强 I 服从对数正态分布，其概率密度函数为[10]

$$f(I) = \frac{1}{2\sqrt{2\pi}\sigma_{\ln I} I} \exp\left\{ -\left(\ln \frac{I}{I_0} - \frac{1}{2}\sigma_{\ln I}^2\right)^2 \middle/ 2\sigma_{\ln I}^2 \right\} \tag{3.42}$$

2. Gamma-Gamma 分布模型

当湍流比较强时，对数正态分布模型已经不适用了。此时，Gamma-Gamma

分布几乎适用于所有湍流强度的模型，可以很好地描述系统的性能。其概率密度为[11]

$$f(I) = \frac{2(\alpha\beta)^{(\alpha+\beta)/2-1}}{\Gamma(\alpha)\Gamma(\beta)} I^{(\alpha+\beta)/2-1} K_{\alpha-\beta}\left(2\sqrt{\alpha\beta I}\right) \tag{3.43}$$

其中，α和β可以表示为

$$\alpha = \left[\exp\left(\frac{0.49\sigma_R^2}{\left(1+0.18d^2+0.56\sigma_R^{12/5}\right)^{7/6}}\right)-1\right]^{-1} \tag{3.44}$$

$$\beta = \left[\exp\left(\frac{0.51\sigma_R^2}{\left(1+0.9d^2+0.62\sigma_R^{12/5}\right)^{7/6}}\right)-1\right]^{-1} \tag{3.45}$$

其中，$\alpha > 0$; $\beta > 0$; $\sigma_R^2 = 1.23C_n^2 k^{7/6}\mathrm{Len}^{11/6}$，为 Rytov 方差，$C_n^2$ 为大气折射率结构常数，$k = 2\pi/\lambda$，是光的波数，Len 为传输距离；$d = (kD^2/4\mathrm{Len})^{1/2}$，$D$ 为接收端透镜的孔径直径。$\Gamma(x)$ 为伽马函数，$K_{\alpha-\beta}(x)$ 为第二类修正的贝塞尔函数。

3.2.3 无线紫外光 LOS 链路调制

无线紫外光在大气湍流传输过程中的 LOS 链路模型如图 3.19 所示，图中 T 为发射端，R 为接收端，ϕ_1 为发散角，ϕ_2 为接收视场角，有效散射体 V 为发散角和视场角的重叠区域。发射端 T 到有效散射体 V 的距离为 r_1，有效散射体 V 到接收端 R 的距离为 r_2，发射端 T 到接收端 R 的距离为 r。在 LOS 通信过程中，紫外光源发出的大多数光子直接到达接收端，并没有经过多次散射。因此，LOS 链路比 NLOS 链路接收到的光子数多，信道容量也比较大。

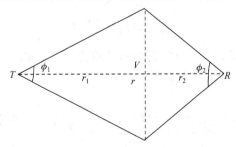

图 3.19　无线紫外光 LOS 链路模型

弱湍流信道下，光强起伏服从对数正态分布，对于紫外光副载波二进制相移键控(binary phase shift keying，BPSK)调制而言，接收的光功率表达式如下：

$$P(t) = \frac{X(t)P_{\max}}{2}\left[1 + M\cos(2\pi f_{\mathrm{c}}t + \alpha_i\pi)\right] + n(t) \tag{3.46}$$

其中，$P_{\max}$ 为峰值接收光功率；M 为调制指数；f_{c} 为载波频率；α_i 为二进制符号 0 和 1；$n(t)$ 为高斯白噪声；$X(t)$ 的概率密度函数为

$$P(X) = \frac{1}{\sqrt{2\pi}\sigma_{\mathrm{s}}X}\exp\left[-\frac{\ln X + \sigma_{\mathrm{s}}^2/2}{2\sigma_{\mathrm{s}}^2}\right] \tag{3.47}$$

其中，X 为归一化的平均闪烁指数；σ_{s} 为光强闪烁指数，数值越大，湍流效应越严重，一般 $0 < \sigma_{\mathrm{s}} < 0.5$。紫外光 LOS 链路通信过程中，对于副载波 BPSK 调制而言，弱湍流信道下无线紫外光通信系统的误码率为[12]

$$P_{\mathrm{BPSK,LOS}} = \frac{1}{\sqrt{\pi}}\int_{-\infty}^{\infty} f\left[\sqrt{\mathrm{SNR}_{\mathrm{r,LOS}}}\exp\left(\sqrt{2}\sigma_{\mathrm{s}}x - \frac{\sigma_{\mathrm{s}}^2}{2}\right)\right]\mathrm{e}^{-x^2}\mathrm{d}x \tag{3.48}$$

其中，$f(a) = \int_a^{\infty}\frac{1}{\sqrt{2\pi}}e^{\frac{t^2}{2}}\mathrm{d}y$；SNR 为信噪比。接收端信噪比 SNR 为[13]

$$\mathrm{SNR}_{\mathrm{LOS}} = \frac{\eta_{\mathrm{r}}\lambda GP_{\mathrm{t}}A_{\mathrm{r}}}{8\pi r^2 hcB}\mathrm{e}^{-K_{\mathrm{e}}r} \tag{3.49}$$

其中，η_{r} 为紫外探测器的探测效率；λ 为紫外光的波长；G 为接收端的接收增益；P_{t} 为发射端的发射功率；A_{r} 为接收孔径面积；h 为普朗克常量；c 为光速；B 为信道带宽；K_{e} 为大气信道衰减系数，$K_{\mathrm{e}} = K_{\mathrm{a}} + K_{\mathrm{s}}$，$K_{\mathrm{a}}$ 为大气的吸收系数，K_{s} 为大气的散射系数。将式(3.48)代入式(3.49)，可得

$$P_{\mathrm{BPSK,LOS}} = \frac{1}{\sqrt{\pi}}\int_{-\infty}^{\infty} f\left[\sqrt{\frac{\eta_{\mathrm{r}}\lambda GP_{\mathrm{t}}A_{\mathrm{r}}}{8\pi r^2 hcB}\mathrm{e}^{-K_{\mathrm{e}}r}}\exp\left(\sqrt{2}\sigma_{\mathrm{s}}x - \frac{\sigma_{\mathrm{s}}^2}{2}\right)\right]\mathrm{e}^{-x^2}\mathrm{d}x \tag{3.50}$$

同理可得，紫外光 LOS 链路通信过程中，弱湍流信道下紫外光副载波多进制相移键控(multiple phase shift keying，MPSK)的误码率可以表示为

$$P_{\mathrm{MPSK,LOS}} = \frac{1}{\sqrt{\pi}}\int_{-\infty}^{\infty} f\left[\sin\frac{\pi}{M}\sqrt{\frac{\eta_{\mathrm{r}}\lambda GP_{\mathrm{t}}A_{\mathrm{r}}}{8\pi r^2 hcR}\mathrm{e}^{-K_{\mathrm{e}}r}}\exp\left(\sqrt{2}\sigma_{\mathrm{s}}x - \frac{\sigma_{\mathrm{s}}^2}{2}\right)\right]\mathrm{e}^{-x^2}\mathrm{d}x \tag{3.51}$$

弱湍流信道下紫外光 OOK 调制的误码率可以表示为

$$P_{\mathrm{OOK,LOS}} = \frac{1}{2}f(Q) + \frac{2}{2\sqrt{\pi}}\int_{-\infty}^{\infty} f\left[\sqrt{\frac{\eta_{\mathrm{r}}\lambda GP_{\mathrm{t}}A}{8\pi r^2 hcR}\mathrm{e}^{-K_{\mathrm{e}}r}}\exp\left(\sqrt{2}\sigma_{\mathrm{s}}x - \frac{\sigma_{\mathrm{s}}^2}{2}\right) - Q\right]\mathrm{e}^{-x^2}\mathrm{d}x \tag{3.52}$$

其中，Q 为 OOK 解调的判决阈值。

3.2.4　无线紫外光 NLOS 链路调制

无线紫外光在大气湍流传输过程中的 NLOS 链路如图 3.20 所示。图中 T_x 为发射端，R_x 为接收端；ϕ_1 为发散角；ϕ_2 为接收视场角；θ_1 为发送仰角；θ_2 为接收仰角；V 为有效散射体区域；r_1 和 r_2 分别为发送端 T_x 和接收端 R_x 到有效散射体 V 的距离；r 为发射端 T_x 到接收端 R_x 的距离。

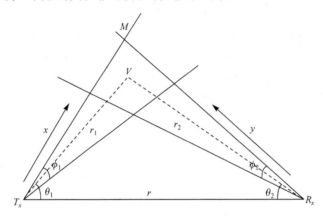

图 3.20　无线紫外光 NLOS 链路模型

紫外光 NLOS 通信链路可以分成两个 LOS 通信链路，从发射端 T_x 到达共同散射体 M 的链路为 x 链路，传输距离为 r_1，从共同散射体 M 到接收端 R_x 的链路为 y 链路，传输距离为 r_2。

i_x 和 i_{ox} 分别是在弱湍流条件下从发射端 T_x 到达共同散射体 M 的信号强度和平均信号强度。为了方便计算，令 $i_{ox} = 1$。i_y 和 i_{oy} 分别是在弱湍流条件下从共同散射体 M 到达接收端 R_x 的信号强度和平均信号强度，i_{oy} 表示为[14]

$$i_{oy} = i_x A_r P_s \frac{K_s}{4\pi} \frac{\exp(-K_e r_2)}{r_2^2} \tag{3.53}$$

其中，A_r 是接收孔径面积；P_s 是散射相函数；K_e 是衰减系数；K_s 是散射系数。

发射端 T_x 到达共同散射体 M 的强度分布概率密度函数为

$$f(i_x) = \frac{1}{\sqrt{2\pi}\sigma_s^2 i_x} \exp\left(-\frac{\left(\ln\frac{i_x}{i_{ox}} + \frac{\sigma_s^2}{2}\right)^2}{2\sigma_s^2}\right) \tag{3.54}$$

其中，$\sigma_s^2 = e^{4\sigma_X^2} - 1 \approx 4\sigma_X^2$，$\sigma_X^2$ 为对数振幅起伏方差，斜程传输时，对于平面

波：

$$\sigma_X^2 = 0.56k^{7/6}(\sec\varphi)^{11/6}\int_0^{\mathrm{Len}} c_n^2(h)(\mathrm{Len}-h)^{5/6}\,\mathrm{d}h \tag{3.55}$$

其中，$k=\dfrac{2\pi}{\lambda}$，λ 是紫外光波长；φ 是天顶角（$\varphi<60°$），$\sec\varphi$ 是对 NLOS 路径的修正因子；$C_n^2(h)$ 是大气湍流结构常数；Len 是传播路径长度，在 x 路径上为 r_1，在 y 路径上为 r_2。

接收端 R_x 的条件概率密度函数为

$$f(i_y\mid i_x)=\frac{1}{\sqrt{2\pi\sigma_s^2}\,i_y}\exp\left(-\frac{\left(\ln\dfrac{i_y}{i_{oy}}+\dfrac{\sigma_s^2}{2}\right)^2}{2\sigma_s^2}\right) \tag{3.56}$$

根据式(3.55)和式(3.56)，可以推导出接收端信号强度分布概率密度函数为

$$f(i_y)=\int f(i_y\mid i_x)f(i_x)\mathrm{d}i_x \tag{3.57}$$

紫外光 NLOS 链路通信过程中，对于副载波 BPSK 调制而言，弱湍流信道下无线紫外光通信系统的误码率为

$$P_{\mathrm{BPSK,NLOS}}=\frac{1}{\sqrt{\pi}}\int_{-\infty}^{\infty}f(i_y)f\left[\sqrt{\mathrm{SNR_{NLOS}}}\exp\left(\sqrt{2}\sigma_s i_y-\frac{\sigma_s^2}{2}\right)\right]\mathrm{e}^{-i_y^2}\,\mathrm{d}i_y \tag{3.58}$$

接收端信噪比 SNR 为[13]

$$\mathrm{SNR_{NLOS}}=\frac{\eta_r\lambda G}{2Rhc}\frac{P_t A_r K_s P_s\phi_2\phi_1^2\sin(\theta_1+\theta_2)}{32\pi^3 r\sin\theta_1\left(1-\cos\dfrac{\phi_1}{2}\right)}\exp\left[-\frac{K_e r(\sin\theta_1+\sin\theta_2)}{\sin(\theta_1+\theta_2)}\right] \tag{3.59}$$

同理可得，紫外光 NLOS 链路通信过程中，弱湍流信道下紫外光副载波 MPSK 的误码率可以表示为

$$P_{\mathrm{MPSK,NLOS}}=\frac{1}{\sqrt{\pi}}\int_{-\infty}^{\infty}f(i_y)f\left[\sin\frac{\pi}{M}\sqrt{\mathrm{SNR_{NLOS}}}\exp\left(\sqrt{2}\sigma_s i_y-\frac{\sigma_s^2}{2}\right)\right]\mathrm{e}^{-i_y^2}\,\mathrm{d}i_y \tag{3.60}$$

弱湍流信道下紫外光 OOK 调制的误码率可以表示为

$$P_{\mathrm{OOK,NLOS}}=\frac{1}{2}f(Q)+\frac{1}{2\sqrt{\pi}}\int_{-\infty}^{\infty}f(i_y)f\left[\sqrt{\mathrm{SNR_{NLOS}}}\exp\left(\sqrt{2}\sigma_s i_y-\frac{\sigma_s^2}{2}\right)-Q\right]\mathrm{e}^{-i_y^2}\,\mathrm{d}i_y$$

$$\tag{3.61}$$

其中，Q 为 OOK 解调的判决阈值。

3.2.5　仿真结果与分析

　　根据上述理论分析,本章仿真分析了紫外光副载波调制在弱湍流条件下,性能参数(发射功率、通信距离、发散角、视场角、收发仰角)对紫外光 LOS 和 NLOS 通信方式误码性能的影响,系统部分仿真参数取值如表 3.2 所示。

表 3.2　系统部分仿真参数

参数	数值
接收孔径面积 A_r /cm²	1.77
探测器的探测效率 η_r	0.2
波长 λ /nm	250
大气衰减系数 K_e /km⁻¹	1.961×10^{-3}
大气散射系数 K_s /km⁻¹	0.759×10^{-3}
散射相函数 P_s	1
光电响应度 R /(mA/W)	48

　　图 3.21 和图 3.22 给出了无噪情况下和加噪情况下 BPSK、正交相移键控(quadrature phase shift keying,QPSK)、8 移相键控(8 phase shift keying,8PSK)的星座图。

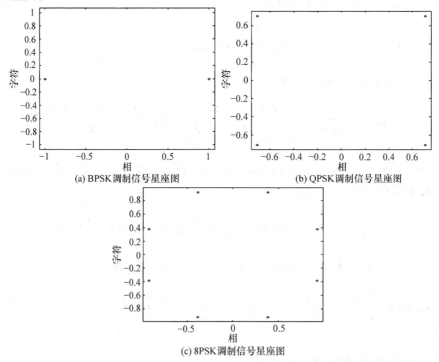

(a) BPSK调制信号星座图　　　　　(b) QPSK调制信号星座图

(c) 8PSK调制信号星座图

图 3.21　无噪下副载波 BPSK、QPSK 和 8PSK 调制信号星座图

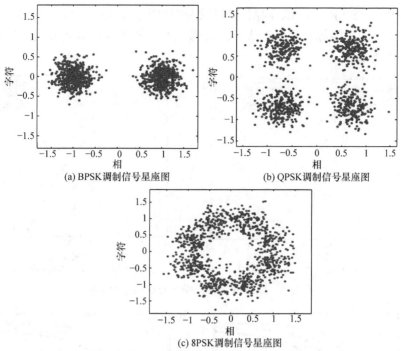

(a) BPSK调制信号星座图　　　(b) QPSK调制信号星座图

(c) 8PSK调制信号星座图

图 3.22　加噪下副载波 BPSK、QPSK 和 8PSK 调制信号星座图

1. LOS 通信时副载波调制性能仿真

图 3.23 仿真分析了不同闪烁指数下 LOS 通信时副载波调制误码性能，其中图 3.23(a)中的闪烁指数 σ_s =0.01，图 3.23(b)中的闪烁指数 σ_s =0.2。从图中可以看出，随着信噪比的不断增大，不同副载波调制方式的误码率逐渐降低。当信噪比相同时，三种副载波调制方式中，BPSK 调制的性能最优，其次是 QPSK 调制，8PSK 调制的性能最差。图 3.23(a)中当误码率为 10^{-6} 时，BPSK、QPSK、8PSK 调制的信噪比分别为 15dB、18dB、23dB。图 3.23(b)中当误码率为 10^{-6} 时，BPSK、QPSK、8PSK 调制的信噪比分别为 24dB、27dB、32dB。由此可以看出，随着闪烁指数的增大，LOS 通信时不同副载波调制方式的误码性能逐渐变差。

图 3.24 仿真分析了不同闪烁指数下 LOS 通信时通信距离对副载波调制误码性能的影响，其中发射功率 P_t =10mW，数据传输速率 R =500Kbps，图 3.24(a)中的闪烁指数 σ_s =0.01，图 3.24(b)中的闪烁指数 σ_s =0.2。从图中可以看出，随着通信距离的不断增大，不同副载波调制方式的误码率逐渐增大。当误码率相同时，三种副载波调制方式中，BPSK 调制的通信距离最远，其次是 QPSK 调制，8PSK 调制的通信距离最短。图 3.24(a)中当误码率为 10^{-6} 时，BPSK、QPSK、8PSK 调制的通信距离分别为 211m、195m、174m。图 3.24(b)中当误码率为 10^{-6}

时，BPSK、QPSK、8PSK 调制的通信距离分别为 173m、164m、152m。由此可以看出，随着闪烁指数的增大，LOS 通信时不同副载波调制方式的通信距离变得越来越短。

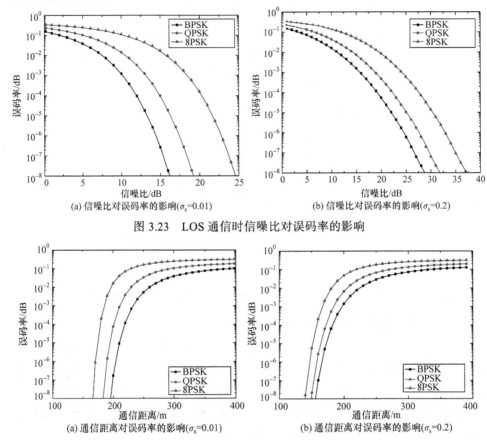

(a) 信噪比对误码率的影响(σ_s=0.01)　　　　　(b) 信噪比对误码率的影响(σ_s=0.2)

图 3.23　LOS 通信时信噪比对误码率的影响

(a) 通信距离对误码率的影响(σ_s=0.01)　　　(b) 通信距离对误码率的影响(σ_s=0.2)

图 3.24　LOS 通信时通信距离对误码率的影响

图 3.25 仿真分析了不同闪烁指数下 LOS 通信时发射功率对副载波调制误码性能的影响，其中通信距离为 $r = 200m$，数据传输速率 $R = 500Kbps$，图 3.25(a) 中的闪烁指数 $\sigma_s=0.01$，图 3.25(b)中的闪烁指数 $\sigma_s=0.2$。从图中可以看出，随着发射功率的不断增大，不同副载波调制方式的误码率逐渐降低。当误码率相同时，三种副载波调制方式中，BPSK 调制的发射功率最小，其次是 QPSK 调制，8PSK 调制的发射功率最大。图 3.25(a)中当误码率为 10^{-6} 时，BPSK、QPSK、8PSK 调制的发射功率分别为 10mW、12mW、16mW。图 3.25(b)中当误码率为 10^{-6} 时，BPSK、QPSK、8PSK 调制的发射功率分别为 16mW、18mW、22mW。由此可以看出，随着闪烁指数的增大，LOS 通信时不同副载波调制方式的发射

功率越来越大。

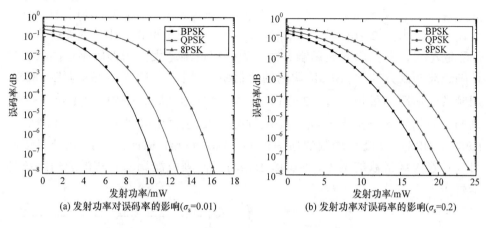

(a) 发射功率对误码率的影响(σ_s=0.01)　　(b) 发射功率对误码率的影响(σ_s=0.2)

图 3.25　LOS 通信时发射功率对误码率的影响

2. NLOS 通信时副载波调制性能仿真

图 3.26 仿真分析了不同闪烁指数下 NLOS 通信时副载波调制误码性能,其中图 3.26(a)中的闪烁指数 σ_s=0.01,图 3.26(b)中的闪烁指数 σ_s=0.2。从图中可以看出,随着信噪比的不断增大,不同副载波调制方式的误码率逐渐降低。当信噪比相同时,三种副载波调制方式中,BPSK 调制的性能最优,其次是 QPSK 调制,8PSK 调制的性能最差。图 3.26(a)中当误码率为 10^{-6} 时,BPSK、QPSK、8PSK 调制的信噪比分别为 21dB、24dB、29dB。图 3.26(b)中当误码率为 10^{-6} 时,BPSK、QPSK、8PSK 调制的信噪比分别为 30dB、34dB、39dB。由此可以看出,随着闪烁指数的增大,NLOS 通信时不同副载波调制方式的误码性能逐渐变差。

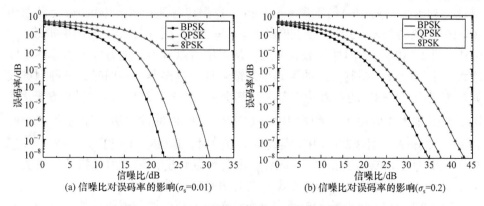

(a) 信噪比对误码率的影响(σ_s=0.01)　　(b) 信噪比对误码率的影响(σ_s=0.2)

图 3.26　NLOS 通信时信噪比对误码率的影响

图 3.27 仿真分析了不同闪烁指数下 NLOS 通信时通信距离对副载波调制

误码性能的影响，其中发射功率 $P_t = 15\mathrm{mW}$ ，数据传输速率 $R = 500\mathrm{Kbps}$ ，发散角 $\phi_1 = 10°$ ，视场角 $\phi_2 = 30°$ ，收发仰角 $\theta_1 = \theta_2 = 20°$ ，图 3.27(a)中的闪烁指数 $\sigma_s = 0.01$ ，图 3.27(b)中的闪烁指数 $\sigma_s = 0.2$ 。从图中可以看出，随着通信距离的不断增大，不同副载波调制方式的误码率逐渐增大。当误码率相同时，三种副载波调制方式中，BPSK 调制的通信距离最长，其次是 QPSK 调制，8PSK 调制的通信距离最短。图 3.27(a)中当误码率为 10^{-6} 时，BPSK、QPSK、8PSK 调制的通信距离分别为 90m、81m、69m。图 3.27(b)中当误码率为 10^{-6} 时，BPSK、QPSK、8PSK 调制的通信距离分别为 66m、61m、54m。由此可以看出，随着闪烁指数的增大，NLOS 通信时不同副载波调制方式的通信距离越来越短。

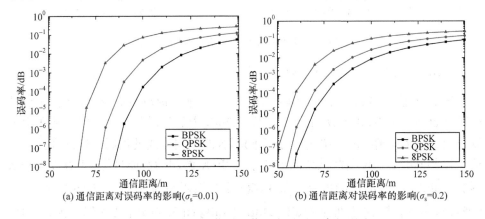

图 3.27　NLOS 通信时通信距离对误码率的影响

图 3.28 仿真分析了不同闪烁指数下 NLOS 通信时发射功率对副载波调制误码性能的影响，其中通信距离 $r = 200\mathrm{m}$ ，数据传输速率 $R = 500\mathrm{Kbps}$ ，发散角 $\phi_1 = 10°$ ，视场角 $\phi_2 = 30°$ ，收发仰角 $\theta_1 = \theta_2 = 20°$ ，图 3.28(a)中的闪烁指数 $\sigma_s = 0.01$ ，图 3.28(b)中的闪烁指数 $\sigma_s = 0.2$ 。从图中可以看出，随着发射功率的不断增大，不同副载波调制方式的误码率逐渐降低。当误码率相同时，三种副载波调制方式中，BPSK 的发射功率最小，其次是 QPSK，8PSK 的发射功率最大。图 3.28(a)中当误码率为 10^{-6} 时，BPSK、QPSK、8PSK 的发射功率分别为 16mW、19mW、23mW。图 3.28(b)中当误码率为 10^{-6} 时，BPSK、QPSK、8PSK 的发射功率分别为 24mW、26mW、30mW。由此可以看出，随着闪烁指数的增大，NLOS 通信时不同副载波调制方式的发射功率越来越大。

表 3.3 仿真分析了 NLOS 通信时发散角对副载波调制误码性能的影响，其中闪烁指数 $\sigma_s = 0.01$ ，发射功率 $P_t = 20\mathrm{mW}$ ，通信距离 $r = 200\mathrm{m}$ ，数据传输速

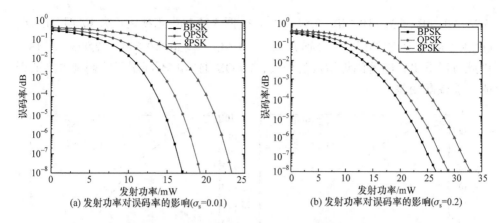

(a) 发射功率对误码率的影响(σ_s=0.01)　　　　　(b) 发射功率对误码率的影响(σ_s=0.2)

图 3.28　NLOS 通信时发射功率对误码率的影响

率 $R = 500$Kbps，视场角 $\phi_2 = 30°$，收发仰角 $\theta_1 = \theta_2 = 20°$。从表 3.3 中可以看出，随着发散角的不断增大，不同副载波调制方式的误码率逐渐降低。当发散角相同时，三种副载波调制方式中，BPSK 调制的性能最优，其次是 QPSK 调制，8PSK 调制的性能最差，发散角对副载波调制误码性能的影响不大。

表 3.3　NLOS 通信时发散角对误码率的影响

发散角	BPSK/dB	QPSK/dB	8PSK/dB
$\phi_1 = 10°$	1.65×10^{-15}	5.12×10^{-10}	1.30×10^{-4}
$\phi_1 = 20°$	1.28×10^{-15}	4.32×10^{-10}	1.21×10^{-4}
$\phi_1 = 30°$	8.32×10^{-16}	3.24×10^{-10}	1.07×10^{-4}
$\phi_1 = 40°$	4.52×10^{-16}	2.15×10^{-10}	8.95×10^{-5}
$\phi_1 = 50°$	2.02×10^{-16}	1.25×10^{-10}	7.08×10^{-5}
$\phi_1 = 60°$	7.30×10^{-17}	6.31×10^{-11}	5.26×10^{-5}
$\phi_1 = 70°$	2.09×10^{-17}	2.73×10^{-11}	3.64×10^{-5}

　　图 3.29 仿真分析了不同闪烁指数下 NLOS 通信时视场角对副载波调制误码性能的影响，其中发射功率 $P_t = 10$mW，通信距离 $r = 200$m，数据传输速率 $R = 500$Kbps，发散角 $\phi_1 = 10°$，收发仰角 $\theta_1 = \theta_2 = 20°$，图 3.29(a)中的闪烁指数 $\sigma_s = 0.01$，图 3.29(b)中的闪烁指数 $\sigma_s = 0.2$。从图中可以看出，随着视场角的不断增大，不同副载波调制方式的误码率逐渐降低。当视场角相同时，三种副载波调制方式中，BPSK 调制的性能最优，其次是 QPSK 调制，8PSK 调制的性能最差。图 3.29(a)中当视场角为 30° 时，BPSK、QPSK、8PSK 调制的误码率分别为

5.96×10^{-6} dB、6.39×10^{-4} dB、3.57×10^{-2} dB。图 3.29(b)中当视场角为 40°时，BPSK、QPSK、8PSK 调制的误码率分别为 4.83×10^{-5} dB、4.30×10^{-4} dB、7.90×10^{-3} dB。由此可以看出，随着闪烁指数的增大，NLOS 通信时不同副载波调制方式的误码性能逐渐变差。

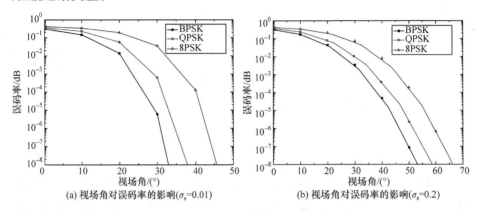

(a) 视场角对误码率的影响(σ_s=0.01)　　　　(b) 视场角对误码率的影响(σ_s=0.2)

图 3.29　NLOS 通信时视场角对误码率的影响

图 3.30 仿真分析了不同闪烁指数下 NLOS 通信时收发仰角对副载波调制误码性能的影响，其中发射功率 $P_t = 25\text{mW}$，通信距离 $r = 200\text{m}$，数据传输速率 $R = 500\text{Kbps}$，发散角 $\phi_1 = 10°$，视场角 $\phi_2 = 30°$，图 3.30(a)中的闪烁指数 $\sigma_s = 0.01$，图 3.30(b)中的闪烁指数 $\sigma_s = 0.2$。从图中可以看出，随着收发仰角的不断增大，不同副载波调制方式的误码率逐渐增大。当收发仰角相同时，三种副载波调制方式中，BPSK 调制的性能最优，其次是 QPSK 调制，8PSK 调制的性能最差。图 3.30(a)中当收发仰角为 50°时，BPSK、QPSK、8PSK 调制的误码率分别为 2.13×10^{-4} dB、4.52×10^{-3} dB、6.78×10^{-1} dB。图 3.30(b)中当收发仰角为 40°

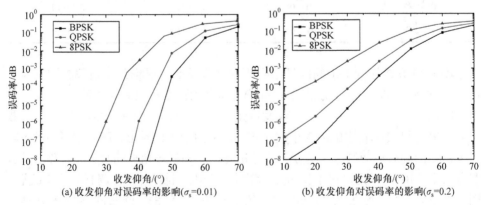

(a) 收发仰角对误码率的影响(σ_s=0.01)　　　　(b) 收发仰角对误码率的影响(σ_s=0.2)

图 3.30　NLOS 通信时收发仰角对误码率的影响

时，BPSK、QPSK、8PSK 调制的误码率分别为 3.93×10^{-4} dB 、 2.38×10^{-3} dB 、 2.44×10^{-2} dB 。由此可以看出，随着闪烁指数的增大，NLOS 通信时不同副载波调制方式的误码性能逐渐变差。

3.3　无线紫外光通信模型与编码

无线紫外光 MIMO 系统可利用空时编码技术实现高度的空间复用和角度复用，在分集增益和编码增益两方面得到很大的提高。本节主要将 MIMO 技术和空时编码应用于无线紫外光通信中进行理论分析，并且根据如何能够准确估计接收端信道特性，对无线紫外光 MIMO 通信系统采用了改进后的 BCOSTBC 编码技术进行研究。首先研究无线紫外光通信的 LOS 和 NLOS 链路模型，然后采用 BCOSTBC 编码与译码的方法，推导出在弱湍流情况下 4-PPM 调制方式 LOS 和 NLOS 链路的误码率并计算分析其信噪比、发射功率、传输速率、收发仰角以及通信距离对误码率的影响。

3.3.1　无线紫外光通信系统链路模型

大气的散射和吸收可以实现信息的传输特性，无线紫外光通信主要由 LOS 和 NLOS 两种工作方式组成，因此针对无线紫外光通信链路的散射信道进行几何分析。在忽略二次或多次散射作用的前提下，无线紫外光 LOS 通信的单次散射模型如图 3.31 所示，则在 LOS 链路中，无线紫外光通信系统的接收光功率表达式为[15]

$$P_{\mathrm{r,LOS}} = \frac{P_{\mathrm{t}} A_{\mathrm{r}}}{4\pi r^2} \mathrm{e}^{-K_e r} \tag{3.62}$$

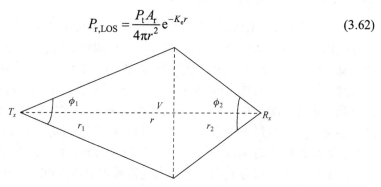

图 3.31　无线紫外光 LOS 通信的单次散射模型[13]

在忽略二次或多次散射作用的前提下，无线紫外光 NLOS 通信的单次散射模型如图 3.32 所示，则在 NLOS 链路中，无线紫外光通信系统的接收光功率表达式为[9]

$$P_{r,\text{NLOS}} = \frac{P_t A_r K_s P_s \phi_2 \phi_1^2 \sin(\theta_1 + \theta_2)}{32\pi^3 r \sin\theta_1 \left(1 - \cos\dfrac{\phi_1}{2}\right)} \mathrm{e}^{-\frac{K_e r_2(\sin\theta_1 + \sin\theta_2)}{\sin(\theta_1 + \theta_2)}} \tag{3.63}$$

图 3.32 中，散射角 θ_s 是 θ_1 与 θ_2 的夹角，且 $\theta_s = \theta_1 + \theta_2$。发射端发射光束和接收端的接收光束形成椎体 c_t 和 c_r，并在接收端建立空间坐标系。

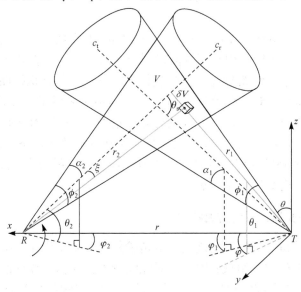

图 3.32　无线紫外光 NLOS 通信的单次散射模型[16]

3.3.2　无线紫外光 MIMO 信道编码

在无线紫外光 MIMO 通信系统中，采用 MIMO 技术可以抑制湍流；同时，空时编码对紫外光散射信号进行角度、空间和时间分集，抑制 MIMO 信道衰落和降低误码率，从而改善无线紫外光 MIMO 通信系统性能。根据接收端能够准确估计信道特性，对传统的 Alamouti 码进行改进，采用一种适合强度调制/直接检测式的 BCOSTBC 编码，通过求符号补码的方式来代替传统的 Alamouti 码存在负数和复数形式的信号，实现在每个符号上总功率不变的编码。如图 3.33 所示，无线紫外光的 MIMO 通信系统分为三部分，第一部分是发射器，信号经过调制发出。第二部分是无线紫外光进行数据 BCOSTBC 编码和译码，传播渠道是一种无线紫外光通信链路，信号通过紫外光被散射。第三部分是接收器，信号被解调出来。可将 MIMO 技术引起的多径无线信道与发射端、接收端视为一个整体进行优化，从而提高系统的可靠性和频谱利用率。

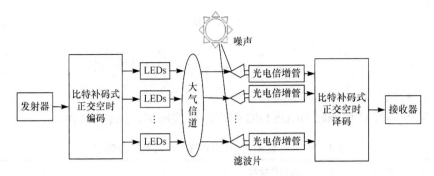

图 3.33　无线紫外光的 MIMO 通信系统的模型

1. MIMO 系统的编码方法

在 MIMO 系统中，收发端均采用多天线(或阵列天线)，在 $H \times N$ 的无线紫外光 MIMO 散射通信系统中利用空时编码技术实现高度的空间复用和角度复用，获取高的信道编码增益和信道容量。MIMO 系统中的 BCOSTBC 编码方法，如图 3.34 所示。

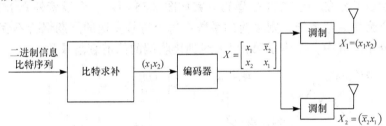

图 3.34　MIMO 系统中的 BCOSTBC 编码方法

BCOSTBC 编码首先对码信源发送的二进制信息比特序列进行比特求补，再把求补后的符号 x_1、x_2 分别送入 BCOSTBC 编码器中，编码后的矩阵如式(3.64)所示：

$$X = \begin{bmatrix} x_1 & \bar{x}_2 \\ x_2 & x_1 \end{bmatrix} \tag{3.64}$$

经比特求补编码后得到的符号发出方式为①在发送第一个符号时，x_1 从天线 1 发出，x_2 从天线 2 发出，且 x_1、x_2 同时从两根天线发出。②在发送第二个符号时，$\bar{x}_2$ 从天线 1 发出，x_1 从天线 2 发出，且 $\bar{x}_2$、x_1 同时从两根天线发出。其中，$\bar{x}_2$ 是 x_2 的比特补码。这种方法在空间上分别通过两根天线发送符号，时间上是在不同时隙发送符号，即在空间和时间上都进行了编码。其中，两根天线发送的符号序列分别为 $X_1 = (x_1 \ x_2)$ 和 $X_2 = (\bar{x}_2 \ x_1)$。两个符号序列满足以下特性[17]：

$$X_1 X_2^T = 0 \tag{3.65}$$

$$XX^T = \begin{bmatrix} |x_1|^2 + |x_2|^2 & 0 \\ 0 & |x_1|^2 + |x_2|^2 \end{bmatrix} = \left(|x_1|^2 + |x_2|^2 \right) I_2 \tag{3.66}$$

其中，I_2 是一个 2×2 的单位矩阵。

采用 4-PPM 调制时 BCOSTBC 编码的对应码字，如表 3.4 所示。

表 3.4　4-PPM 调制时 BCOSTBC 编码的对应码字[16]

四进制码元	二进制比特元	x	$\bar{x}$
0	00	1000	0001
1	01	0100	0010
2	10	0010	0100
3	11	0001	1000

2. MIMO 系统的译码方法

MIMO 系统的 BCOSTBC 译码方案如图 3.35 所示。假设紫外光 MIMO 系统的信道为快衰落系统，则衰落的系数在每个符号发送的周期保持不变，并服从瑞利分布。其中，h_i 表示第 i 根天线到接收端的信道衰落系数。

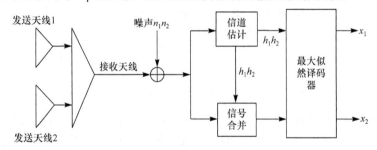

图 3.35　MIMO 系统的 BCOSTBC 译码方案[16]

对于由 H 个紫外光源阵列、N 个滤光片和 PMT 组成的紫外光 MIMO 通信系统而言，假设每个发射天线间的通道相互独立。第 i 个阵列发送的信号用 x_i 来表示；第 j 个滤光片和 PMT 收到的光电流用 r_j 来表示，则它们之间满足[18]：

$$r_j = \frac{\eta I_s}{H} \sum_{i=1}^{H} h_{ji} x_i + v_j \;,\, i = 1, \cdots, M,\, j = 1, \cdots, N \tag{3.67}$$

其中，η 表示光电转换效率；I_s 表示无衰落时的最大接收光强；v_j 表示方差为 $N_0/2$ 的高斯白噪声；h_{ji} 表示从第 i 个发射天线到第 j 个接收天线的信道衰减系数，其统计模型等于射频通信中信道增益的平方。H 的接收矩阵如下：

$$H = \begin{bmatrix} h_{11} & h_{12} & ... & h_{1H} \\ h_{21} & h_{22} & ... & h_{2H} \\ \vdots & \vdots & & \vdots \\ h_{N1} & h_{N2} & ... & h_{NH} \end{bmatrix} = \begin{bmatrix} a_{11}^2 & a_{12}^2 & ... & a_{1H}^2 \\ a_{21}^2 & a_{22}^2 & ... & a_{2H}^2 \\ \vdots & \vdots & & \vdots \\ a_{N1}^2 & a_{N2}^2 & ... & a_{NH}^2 \end{bmatrix} \tag{3.68}$$

则第 j 个探测器在时刻 t 与 $t+T$ 时接收到的信号为

$$\begin{cases} r_{1,j} = \dfrac{\eta I_s}{H}(h_{j1}x_1 + h_{j2}x_2) + v_{j1} \\ r_{2,j} = \dfrac{\eta I_s}{H}(h_{j1}x_1 + h_{j2}x_2) + v_{j2} \end{cases} \tag{3.69}$$

在 BCOSTBC 译码中，使用等增益合并方法得到的信号为

$$\begin{cases} \tilde{x}_1 = \dfrac{\eta I_s}{H}\left(\displaystyle\sum_{j=1}^{N}\sum_{i=1}^{H} h_{ji}^2 x_1 + \sum_{j=1}^{N}\prod_{i=1}^{H} h_{ji} x_2 + \sum_{j=1}^{N}\prod_{i=1}^{H} h_{ji} \overline{x}_2\right) + \sum_{n=1}^{N}(h_{j1}v_{j1} + h_{j2}v_{j2}) \\ \tilde{x}_2 = \dfrac{\eta I_s}{H}\left(\displaystyle\sum_{j=1}^{N}\sum_{i=1}^{H} h_{ji}^2 x_2 + \sum_{j=1}^{N}\prod_{i=1}^{H} h_{ji} x_1 + \sum_{j=1}^{N}\prod_{i=1}^{H} h_{ji} \overline{x}_1\right) + \sum_{j=1}^{N}(h_{j1}v_{j1} + h_{j2}v_{j2}) \end{cases} \tag{3.70}$$

其中，$\tilde{x}_1$、$\tilde{x}_2$ 无符号，只和 x_1、x_2 有关。因此可以利用最大似然完成信号的检测，则检测后的信号为

$$\begin{cases} z_{\text{on},n} = \dfrac{\eta I_s}{M}\sqrt{T/Q}\displaystyle\sum_{j=1}^{N}\sum_{i=1}^{H} h_{ji}^2 + \sum_{j=1}^{N}\prod_{i=1}^{H} h_{ji} v_j \\ z_{\text{off},n} = \displaystyle\sum_{j=1}^{N}\sum_{i=1}^{H} h_{ji}^2 v_j \end{cases} \tag{3.71}$$

其中，BCOSTBC 译码中的最大似然判决标准为[17] $\hat{x}_{nq} = \begin{cases} 1, & \Lambda(r) \geqslant 0 \\ 0, & \Lambda(r) < 0 \end{cases}$，其中 $\Lambda(r)$ 表示对数似然比。

3.3.3 MIMO 信道编码的误码性能分析

对一个 $H \times N$ 的无线紫外光 MIMO 通信系统，假设每个信道相互独立，则 BCOSTBC 码的符号错误率 P_s 可表示为

$$P_s = 1 - P \tag{3.72}$$

式中，P 表示第 j 个光电探测器接收到量化脉冲位置调制(quantized pulse position modulation，Q-PPM)符号的平均正确率。当 Q-PPM 符号的长度固定时，一个字符只有 $Q-1$ 个空时隙，则第 j 个探测器接收到 Q-PPM 符号的平均正确率 P 可表示为

$$P = \int (1 - P(\text{off}|\text{on},I))(1 - P(\text{on}|\text{off},I))^{Q-1} \cdot f_I(I_{mn})\mathrm{d}I \qquad (3.73)$$

其中，$p(\text{on}|\text{off},I)$ 和 $p(\text{off}|\text{on},I)$ 分别为光强起伏为 I^2 时，未发送信息脉冲误判为信息脉冲的概率和发送信息脉冲未被检测的概率。

定义无湍流存在时，任意探测器每个符号的接收电能量为 $E_s = (\eta I_s)^2 T_P$，定义无湍流存在时，每个符号的电信噪比为 $\text{SNR} = E_s/N_0$，R 表示传输速率，那么无湍流存在时每比特上的信噪比 γ_1 为[16]

$$\gamma_1 = \frac{E_b}{N_0} = \frac{\text{SNR}}{R \log_2 Q} \qquad (3.74)$$

由于 BCOSTBC 编码的方法属于紫外光 MIMO 技术，滤光片间的距离仅相隔几十厘米，也可近似认为衰减系数相等，则第 j 个滤光片和 PMT 上的平均符号正确概率为[17]

$$P = \frac{1}{2^Q} \int f(I_{mn}) \left[1 + \text{erf}\left(\sqrt{\frac{N}{8H} \cdot \text{SNR} \cdot I^2} \right) \right]^{Q-1} \text{erfc}\left(\sqrt{\frac{N}{8H} \cdot \text{SNR} \cdot I^2} \right) \mathrm{d}I \quad (3.75)$$

则 BCOSTBC 码符号错误概率为

$$P_{s1} = 1 - \frac{1}{2^Q} \int f(I_{mn}) \left[1 + \text{erf}\left(\sqrt{\frac{N}{8H} \cdot \text{SNR} \cdot I^2} \right) \right]^{Q-1} \text{erfc}\left(\sqrt{\frac{N}{8H} \cdot \text{SNR} \cdot I^2} \right) \mathrm{d}I \quad (3.76)$$

误码率和符号错误概率之间的关系为

$$P_s = \frac{Q}{2(Q-1)} P_{s1} \qquad (3.77)$$

由于无线紫外光的发射信号经过强烈的散射作用后变为多条路径到达接收端，引起严重码间干扰。当信号时延扩展小于符号周期时，利用频率平坦性衰落信道模型进行分析；当信号时延扩展大于符号周期时，利用频率选择性衰落信道模型进行分析。紫外光信号的衰减是由这两种衰落叠加的结果，只是两种衰落所占的比重不同。在相同条件，LOS 通信中接收到的光子数比较多，时延扩展窄，频率平坦性衰落信道占主导地位；NLOS 通信中接收到的光子数比较少，时延扩展宽，频率选择性衰落信道占主导地位。因此将紫外光 LOS 通信信道近似认为频率平坦性衰落信道，紫外光 NLOS 通信信道近似认为频率选择性衰落信道。

1) 无线紫外光 LOS 方式下 BCOSTBC 的误码性能分析

在紫外光 MIMO 通信过程中，LOS 方式下 BCOSTBC 的误码率由式(3.77)得

$$P_{s,\text{LOS}} = \frac{Q}{2(Q-1)} P_{s1} \qquad (3.78)$$

2) 无线紫外光 NLOS 方式下 BCOSTBC 的误码性能分析

在紫外光 MIMO 通信过程中，NLOS 方式下 BCOSTBC 的误码率由式(3.42)、式(3.76)和式(3.77)得

$$P_{s,\,\mathrm{NLOS}} = \frac{Q}{2(Q-1)} \left[1 - \frac{1}{2^Q} \int f(p)f(I)f(I_{mn})\mathrm{d}I \right] \tag{3.79}$$

其中，

$$f(I) = \left[1 + \mathrm{erf}\left(\sqrt{\frac{N}{8H}}\mathrm{SNR}I^2 \right) \right]^{Q-1} \mathrm{erfc}\left(\sqrt{\frac{N}{8H}}\mathrm{SNR}I^2 \right), \quad f(p) = \frac{p_{\mathrm{r,NLOS}}}{p_{\mathrm{t}}}\,。$$

3.3.4　仿真结果与分析

根据上述理论，本章定量分析了在弱湍流($C_n^2 = 1.0 \times 10^{-15}\,m^{-2/3}$)情况下采用 BCOSTBC 编码技术时，LOS 与 NLOS 链路通信的误码性能。通过 Q-PPM 的方式仿真分析了在弱湍流情况下无线紫外光 MIMO 通信系统(发射功率、通信距离、收发仰角、传输距离)对误码率的影响。采用 BCOSTBC 编码时，无线紫外光 MIMO 通信系统仿真中的部分参数如表 3.5 所示。

表 3.5　无线紫外光 MIMO 通信系统仿真中的部分参数

参数	数值
波长 λ/nm	265
接收孔径面积 A_r/cm²	1.77
探测器的探测效率 η	0.2
大气散射系数 K_s/km⁻¹	0.759
大气衰减系数 K_e/km⁻¹	2.8
散射相函数 P_s	1
调制阶数 Q	4
普朗克常量 h	6.626×10^{-34}
发散角 ϕ_1/(°)	10
视场角 ϕ_2/(°)	30
发送仰角 θ_1/(°)	20
接收仰角 θ_2/(°)	20

1. 无线紫外光 LOS 链路性能仿真分析

针对二进制比特数 $N = 10000$，采用蒙特卡罗(Monte Carlo)方法对无线紫外光 MIMO 系统(采用编码后 1×1、1×2、2×1 和 2×2 系统)LOS 链路中的误码性能进行仿真。

图 3.36 是采用 4-PPM 的 BCOSTBC 编码的误码率曲线。图 3.36(a)中的闪

烁方差 $\delta_s = 0.1$，图 3.36(b)中的闪烁方差 $\delta_s = 0.4$。图 3.36(a)中的误码率 $P_s = 10^{-3}$ 时，相对于 SISO 系统，即 1×1 系统，采用编码后 2×1、2×2 系统的误码性能分别改善了约 3.5dB 和 8dB。图 3.36(b)中所呈现的规律与图 3.36(a)基本相同，随着闪烁方差的增大，LOS 链路通信中 MIMO 系统的误码性能逐渐变差；当信噪比相同时，2×2 系统性能最优，其次是 2×1 系统；同等条件时，采用编码后 2×1 和 2×2 系统的误码性能明显优于 1×1 系统的误码性能。天线数相同时，随着信噪比的增加，误码率减小，当信噪比 SNR =15dB 时，2×2 系统的误码率最小；信噪比一定时，误码率随着天线数的增加而减小。仿真结果表明，在无线紫外光 LOS 链路中增加光电探测器数目可以有效地降低误码率和提高分集增益，有益于改善系统的性能。由此可见，该编码方法适用任意的 $H \times N$ 的无线紫外光通信系统。

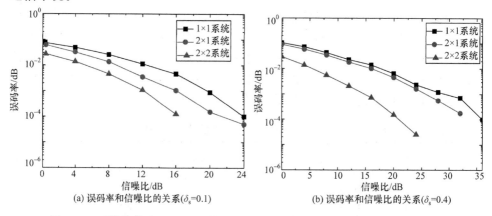

(a) 误码率和信噪比的关系(δ_s=0.1)　　　　(b) 误码率和信噪比的关系(δ_s=0.4)

图 3.36　无线紫外光 MIMO 系统 LOS 链路中信噪比与误码率的关系曲线图

图 3.37 是无线紫外光 MIMO 系统(采用编码后 1×2、2×1 和 2×2 系统)LOS 链路中发射功率与误码率的关系曲线图。图 3.37(a)中的闪烁方差 $\delta_s = 0.01$，图 3.37(b)中的闪烁方差 δ_s=0.1。当通信距离 $r = 300$m，数据传输速率 R=400Kbps 时，发射功率 P_t 的范围为 0～60mW。图 3.37(a)中误码率 $P_s = 10^{-8}$ 时，1×2、2×1、2×2 系统比 1×1 系统下节省发射功率约 7.16mW、9.83mW、11.58mW。图 3.37(b)中所呈现的规律与图 3.37(a)基本相同，随着闪烁方差的增大，LOS 链路通信中 MIMO 系统的发射功率越来越大，误码性能逐渐变差；发射功率一定时，误码率随着天线数的增大而减小；天线数相同时，误码率随着发射功率的增大而减小，当发射功率 $P_t = 15$mW 时，2×2 系统的误码率最小。

图 3.38 是无线紫外光 MIMO 系统(采用编码后 1×2、2×1 和 2×2 系统)LOS 链路中传输速率与误码率的关系曲线图。图 3.38(a)中的闪烁方差 $\delta_s = 0.01$，图 3.38(b)中的闪烁方差 $\delta_s = 0.1$。当通信距离 $r = 400$m，发射功率 $P_t = 20$mW 时，数据传输速率 R 的范围为 0～400Kbps。图 3.38(a)中误码率 $P_s = 10^{-8}$ 时，1×2、2×1、

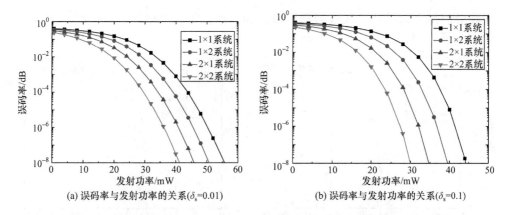

(a) 误码率与发射功率的关系(δ_s=0.01)　　　　(b) 误码率与发射功率的关系(δ_s=0.1)

图 3.37　无线紫外光 MIMO 系统 LOS 链路中发射功率与误码率的关系曲线图

2×2 系统比 1×1 系统下的数据传输速率增大了约 10Kbps、20Kbps、38Kbps。图 3.38(b)中所呈现的规律与图 3.38(a)基本相同，随着闪烁方差的增大，LOS 链路通信中 MIMO 系统的数据传输速率越来越小，误码性能逐渐变差；数据传输速率一定时，误码率随着天线数的增大而减小；天线数相同时，误码率随着数据传输速率的增大而增大，当数据传输速率 $R = 200\text{Kbps}$ 时，2×2 系统的误码率最小。

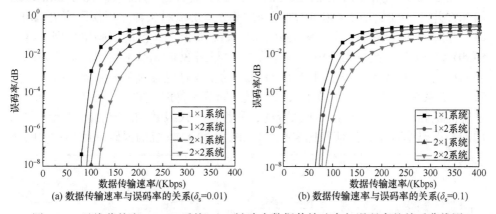

(a) 数据传输速率与误码率的关系(δ_s=0.01)　　　(b) 数据传输速率与误码率的关系(δ_s=0.1)

图 3.38　无线紫外光 MIMO 系统 LOS 链路中数据传输速率与误码率的关系曲线图

　　图 3.39 是无线紫外光 MIMO 系统(采用编码后 1×2、2×1 和 2×2 系统)LOS 链路中通信距离与误码率的关系曲线图。图 3.39(a)中的闪烁方差 $\delta_s = 0.01$，图 3.39(b)中的闪烁方差 $\delta_s = 0.1$。当数据传输速率 $R = 1\text{Mbps}$，发射功率 $P_t = 20\text{mW}$ 时，通信距离 r 的范围为 0~400m。图 3.39(a)中误码率 $P_s = 10^{-8}$ 时，1×2、2×1、2×2 系统比 1×1 系统下增大了约 6m、16m、25m 的通信距离。图 3.39(b)中所呈现的规律与图 3.39(a)基本相同，随着闪烁方差的增大，LOS 链路通信中 MIMO 系统的通信距离越来越小，误码性能逐渐变差；通信距离一定时，误码率随着

天线数的增大而减小；天线数相同时，随着通信距离的增加，误码率增大，当通信距离 $r=300\mathrm{m}$ 时，2×2 系统的误码率最小。

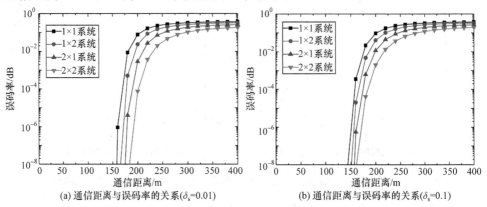

(a) 通信距离与误码率的关系($\delta_s=0.01$)　　　　(b) 通信距离与误码率的关系($\delta_s=0.1$)

图 3.39　无线紫外光 MIMO 系统 LOS 链路中通信距离与误码率的关系曲线图

2. 无线紫外光 NLOS 链路性能仿真分析

针对二进制比特数 $N=10000$ 时，采用蒙特卡罗方法对无线紫外光 MIMO 系统(采用编码后 1×1、1×2、2×1 和 2×2 系统)NLOS 链路中的误码性能进行仿真。

图 3.40 是采用 4-PPM 的 BCOSTBC 编码的误码性能曲线。图 3.40(a)中的闪烁方差 $\delta_s=0.01$，图 3-40(b)中的闪烁方差 $\delta_s=0.4$。图 3-40(a)中误码率 $P_s=10^{-4}$ 时，相对于 1×1 系统，采用编码后 2×1 系统和 2×2 系统的误码率分别改善约 5.4dB 和 7.8dB。图 3.40(b)中所呈现的规律与图 3.40(a)基本相同，随着闪烁方差的增大，NLOS 链路通信中 MIMO 系统的误码性能逐渐变差；当信噪比相同时，2×2 系统性能最优，其次是 2×1 系统；同等条件时，采用编码后 2×1 和 2×2 系统的误码性能明显优于 1×1 系统的误码性能。天线数相同时，随着信噪比的增加，误码率减小，当信噪比 SNR $=15\mathrm{dB}$ 时，2×2 系统的误码率最小；信噪比

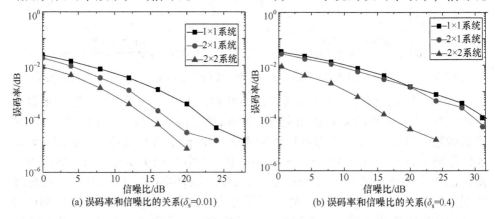

(a) 误码率和信噪比的关系($\delta_s=0.01$)　　　　(b) 误码率和信噪比的关系($\delta_s=0.4$)

图 3.40　无线紫外光 MIMO 系统的 NLOS 链路中的误码率和信噪比的关系曲线图

一定时,误码率随着天线数的增加而减小。仿真结果表明,在无线紫外光 NLOS 链路中增加光电探测器数目可以有效地降低误码率和提高分集增益,有益于改善系统的性能。由此可见,该编码方法适用任意的 $H \times N$ 的无线紫外光通信系统。

图 3.41 是无线紫外光 MIMO 系统(采用编码后 1×2、2×1 和 2×2 系统)NLOS 链路中发射功率与误码率的关系曲线图。图 3.41(a)中的闪烁方差 $\delta_s = 0.01$,图 3.41(b)中的闪烁方差 $\delta_s = 0.1$。当通信距离 $r = 300$m,数据传输速率 $R = 100$Kbps 时,发射功率 P_t 的范围为 0～120mW。图 3.41(a)中误码率 $P_s = 10^{-8}$ 时,1×2、2×1、2×2 系统比 1×1 系统下的发射功率节省了约 9.54mW、12.79mW、15.91mW。图 3.41(b)中所呈现的规律与图 3.41(a)基本相同,随着闪烁方差的增大,NLOS 链路通信中 MIMO 系统的发射功率越来越大,误码性能逐渐变差;发射功率一定时,误码率随着天线数的增大而减小;天线数相同时,误码率随着发射功率的增大而减小,当发射功率 $P_t = 15$mW 时,2×2 系统的误码率最小。

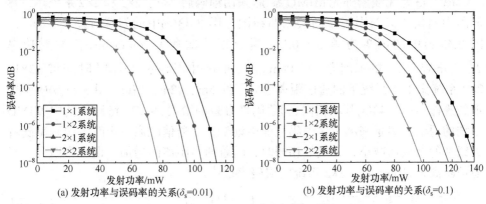

图 3.41 无线紫外光 MIMO 系统 NLOS 链路中发射功率与误码率的关系曲线图

图 3.42 是无线紫外光 MIMO 系统(采用编码后 1×2、2×1 和 2×2 系统)NLOS 链路中传输速率与误码率的关系曲线图。图 3.42(a)中的闪烁方差 $\delta_s = 0.01$,图 3.42(b)中的闪烁方差 $\delta_s = 0.1$。当通信距离 $r = 300$m,发射功率 $P_t = 15$mW 时,数据传输速率 R 的范围为 0～400Kbps。图 3.42(a)中误码率 $P_s = 10^{-8}$ 时,1×2、2×1、2×2 系统比 1×1 系统下的数据传输速率增大了约 10Kbps、26Kbps、40Kbps。图 3.42(b)中所呈现的规律与图 3.42(a)基本相同,随着闪烁方差的增大,NLOS 链路通信中 MIMO 系统的数据传输速率越来越小,误码性能逐渐变差;数据传输速率一定时,误码率随着天线数的增大而减小;天线数相同时,误码率随着传输速率的增大而增大,当数据传输速率为 $R = 200$Kbps 时,2×2 系统的误码率最小。

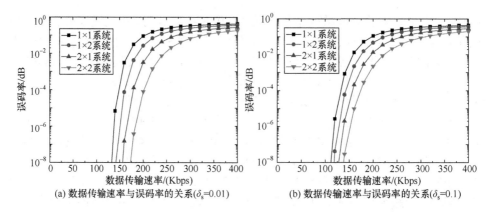

(a) 数据传输速率与误码率的关系(δ_s=0.01)　　　(b) 数据传输速率与误码率的关系(δ_s=0.1)

图 3.42　无线紫外光 MIMO 系统 NLOS 链路中数据传输速率与误码率的关系曲线图

图 3.43 是无线紫外光 MIMO 系统(采用编码后 1×2、2×1 和 2×2 系统)NLOS 链路中通信距离与误码率的关系曲线图。图 3.43(a)中的闪烁方差 $\delta_s = 0.01$，图 3.43(b)中的闪烁方差 $\delta_s = 0.1$。当数据传输速率 $R = 1\text{Mbps}$，发射功率 $P_t = 30\text{mW}$ 时，r 的范围为 0～100m。图 3.43(a)中误码率 $P_s = 10^{-8}$ 时，1×2、2×1、2×2 系统比 1×1 系统下的通信距离增大了约 5m、12m、17m。图 3.43(b)中所呈现的规律与图 3.43(a)基本相同，随着闪烁方差的增大，NLOS 链路通信中 MIMO 系统的通信距离越来越小，误码性能逐渐变差；通信距离一定时，误码率随着天线数的增大而减小；天线数相同时，随着通信距离的增加，误码率增大，当通信距离 $r = 100\text{m}$ 时，2×2 系统的误码率最小。

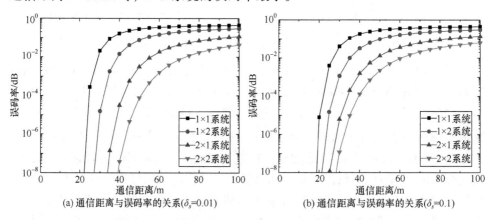

(a) 通信距离与误码率的关系(δ_s=0.01)　　　(b) 通信距离与误码率的关系(δ_s=0.1)

图 3.43　无线紫外光 MIMO 系统 NLOS 链路中通信距离与误码率的关系曲线图

图 3.44 是无线紫外光 MIMO 系统(采用编码后 1×2、2×1 和 2×2 系统)NLOS 链路中收发仰角与误码率的关系曲线图。图 3.44(a)中的闪烁方差 $\delta_s = 0.01$，图 4-44(b)中的闪烁方差 $\delta_s = 0.1$。当发射功率 $P_t = 8\text{mW}$，数据传输速率 $R = 40\text{Kbps}$，通信

距离 $r = 300\text{m}$，发散角和视场角分别固定在 $\phi_1 = 10°$ 和 $\phi_2 = 30°$ 时，收发仰角 θ 范围为 $0° \sim 60°$。图 3.44(a)中误码率 $P_s = 10^{-8}$ 时，1×2、2×1、2×2 系统比 1×1 系统下的收发仰角增大了约 1°、2°、3.2°。图 3.44(b)中所呈现的规律与图 3.44(a) 基本相同，随着闪烁方差的增大，NLOS 链路通信中 MIMO 系统的误码性能逐渐变差；收发仰角一定时，误码率随着天线数的增大而减小；天线数相同时，误码率随着收发仰角的增大而增大，当收发仰角 $\theta = 30°$ 时，2×2 系统的误码率最小；当收发仰角 $\theta < 40°$ 时，误码率随着收发仰角的增大，其增长趋势比较快；当收发仰角 $\theta > 40°$ 时，误码率随着收发仰角的增大，其增长趋势变小。

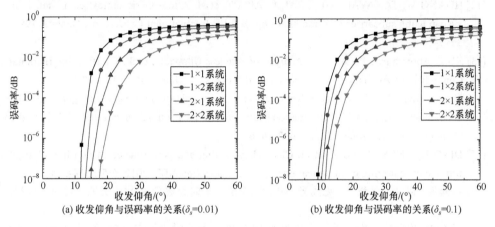

(a) 收发仰角与误码率的关系(δ_s=0.01) (b) 收发仰角与误码率的关系(δ_s=0.1)

图 3.44 无线紫外光 MIMO 系统 NLOS 链路中收发仰角与误码率的关系曲线图

参 考 文 献

[1] 于晓娜. 紫外光通信调制与信道编码技术的 FPGA 实现[D]. 北京: 中国科学院空间科学与应用研究中心, 2010.

[2] 庞志勇, 朴大志, 邹传云. 光通信中几种调制方式的性能比较[J]. 桂林电子科技大学学报, 2002, 22(5): 1-4.

[3] SHIU D S, KAHN J M. Differential pulse-position modulation for power-efficient optical communication[J]. IEEE Transactions on Communications, 2002, 47(8):1201-1210.

[4] 胡宗敏, 汤俊雄. 大气无线光通信系统中数字脉冲间隔调制研究[J]. 通信学报, 2005, 26(3): 75-79.

[5] MAHDIRAJI G A, ZAHEDI E. Comparison of selected digital modulation schemes (OOK, PPM and DPIM) for wireless optical communications[C]. Conference on Research and Development. IEEE, Selangor, 2007: 5-10.

[6] KIM S C, AHN M S, PARK S H, et al. Wireless Optical Communication Systems[M]. New York: Springer, 2005.

[7] 樊昌信, 曹丽娜. 通信原理[M]. 北京: 国防工业出版社, 2006.

[8] WANG Z, GONG G, FENG R. A Generalized construction of OFDM M-QAM sequences with low peak-to-average power ratio[J]. Advances in Mathematics of Communications, 2017, 3(4): 421-428.

[9] 柯熙政, 邓莉君. 无线光通信[M]. 北京: 科学出版社, 2016.

[10] SONG X, YANG F, CHENG J, et al. Asymptotic noisy reference losses of subcarrier BPSK and QPSK systems in lognormal fading[C]. International Conference on Computing, Networking and Communications. IEEE, Garden Grove, 2015:352-356.

[11] GAPPMAIR W, MUHAMMAD S S. Error performance of PPM/Poisson channels in turbulent atmosphere with gamma-gamma distribution[J]. Electronics Letters, 2007, 43(16):880-882.

[12] HUANG W, TAKAYANAGI J, SAKANAKA T, et al. Atmospheric optical communication system using subcarrier PSK modulation[C]. IEEE International Conference, Geneva, 1993: 1597-1601.

[13] XU Z. Approximate Performance Analysis of Wireless Ultraviolet Links[C]. IEEE International Conference on Acoustics, Speech and Signal Processing, Honolulu ,2007: 577-580.

[14] ZUO Y, XIAO H, WU J, et al. Effect of atmospheric turbulence on non-line-of-sight ultraviolet communications[C]. IEEE, International Symposium on Personal Indoor and Mobile Radio Communications, Sydney, 2012: 1682-1686.

[15] DING H, CHEN G, XU Z, et al. Channel modelling and performance of non-line-of sight ultraviolet scattering communications[J]. Communications IET, 2012, 6(5): 514-524.

[16] 柯熙政, 谌娟, 邓莉君. 无线光 MIMO 系统中空时编码理论[M]. 北京: 科学出版社, 2014.

[17] 王惠琴, 柯熙政, 赵黎, 等. 大气激光通信中的正交空时块码[J]. 光学学报, 2009, 29(2): 63-68.

[18] NAVIDPOUR S M, UYSAL M, KAVEHRAD M. BER performance of free-space optical transmission with spatial diversity[J]. IEEE Transactions on Wireless Communications, 2007, 6(8): 2813-2819.

第4章 无线紫外光分集接收

分集接收是抗衰落的一项典型措施[1]，在多径衰落信道下，可以有效提高信息传输的可靠性。本章主要介绍应用在无线紫外光通信中的分集接收技术，它能够降低路径损耗，提高通信链路的性能，并对弱湍流条件下紫外光副载波分集技术的性能进行综合分析。

4.1 无线紫外光通信接收链路模型

4.1.1 无线紫外光通信单接收链路模型

无线紫外光通信有 LOS 和 NLOS 两种工作方式。LOS 通信是指发射端与接收端之间不存在障碍物，障碍物有可能会阻挡光线的传播，但是无线紫外光通信是基于散射作用，无需像激光通信一样要 APT。大气中的分子和气溶胶等微粒将传输信号的紫外光光子进行散射，可以实现无线紫外光 NLOS 通信，从而在复杂的地理环境下进行通信[2]。

LOS 通信工作方式和 NLOS 通信工作方式的几何模型分别如图 4.1(a)和(b)所示。其中，图 4.1(a)属于 LOS 通信的工作方式，ϕ_1 和 ϕ_2 分别是发射端光源的发散角和接收端的接收视场角，ϕ_1 和 ϕ_2 所形成的重叠区域 V 称之为有效散射体。在现实的通信中，多数紫外光光子没经过散射就直接传输到接收端，因此无线紫外光 LOS 通信具有较好的通信质量、较大的信道容量以及较远的通信传输距离等优点。图 4.1(b)中的 ϕ_1 和 ϕ_2 同样是发射端光源的发散角和接收端的接收视场角，θ_1 为发送仰角，θ_2 为接收仰角，发射端的发射光束经由有效散射体 V 的散射而到达接收端，实现了信号的 NLOS 传输。

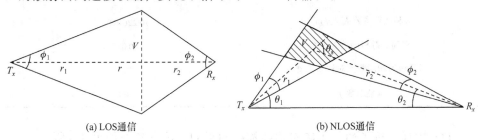

(a) LOS通信　　　　　　　　　(b) NLOS通信

图 4.1　散射光链路分析[3]

4.1.2　无线紫外光分集接收模型

可以认为无线紫外光分集接收系统子信道之间是相互独立的[4]:

$$d \geqslant \sqrt{\lambda R} \tag{4.1}$$

其中，λ 为波长；R 为信道宽带。

根据文献[5]，无线紫外光 NLOS 通信接收功率为

$$P_{\mathrm{r,NLOS}} = \frac{P_{\mathrm{t}} A_{\mathrm{r}} K_{\mathrm{s}} P_{\mathrm{s}} \varphi_2 \varphi_1^2 \sin(\theta_1 + \theta_2)}{32\pi^3 r \sin\theta_1 (1 - \cos\frac{\varphi_1}{2})} \mathrm{e}^{-\frac{K_e r(\sin\theta_1 + \sin\theta_2)}{\sin(\theta_1 + \theta_2)}} \tag{4.2}$$

其中，θ_1 是发送仰角；θ_2 是接收仰角；ϕ_1 是发射端光源的发散角；ϕ_2 是接收端的接收视场角；r 是发射端到接收端的距离；P_{t} 为发射功率；K_e 为大气衰减系数，可以由大气吸收系数 K_{a} 和大气散射系数 K_{s} 组成，即 $K_e = K_{\mathrm{a}} + K_{\mathrm{s}}$，三个系数的单位都是 km^{-1}；A_{r} 是接收孔径面积。由于接收端之间的距离很近，所以可以认为是接收孔径的面积加倍了[6]。路径损耗 P_{L} 可以表示为

$$P_{\mathrm{L}} = 10\lg\left(\frac{P_{\mathrm{t}}}{P_{\mathrm{r}}}\right) (\mathrm{dB}) \tag{4.3}$$

4.1.3　仿真结果与分析

为了分析无线紫外光 NLOS 分集接收的性能，在 MATLAB 中进行了仿真分析。本章仿真采用 260nm 波长的紫外光，系统模型参数如表 4.1 所示。

表 4.1　系统模型参数

参数	数值
接收孔径面积 $A_{\mathrm{r}} / \mathrm{m}^{-2}$	1.77×10^{-4}
大气吸收系数 $K_{\mathrm{a}} / \mathrm{m}^{-1}$	0.802×10^{-3}
米氏散射系数 $K_{\mathrm{sMie}} / \mathrm{m}^{-1}$	0.284×10^{-3}
瑞利散射系数 $K_{\mathrm{sRay}} / \mathrm{m}^{-1}$	0.226×10^{-3}
瑞利散射相函数因子 γ	0.017
米氏散射相函数不对称因子 g	0.72
调整系数 f	0.5

(1) 仿真分析了通信距离对路径损耗的影响，仿真参数如表 4.2 所示。

表 4.2　仿真参数(通信距离对路径损耗的影响)

参数	θ_1 /(°)	θ_2 /(°)	ϕ_1 /(°)	ϕ_2 /(°)
数值	20	20	17	30

仿真结果如图 4.2 所示。

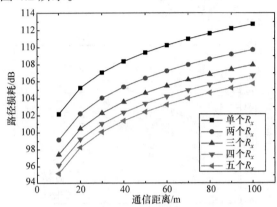

图 4.2　通信距离对路径损耗的影响

(单个 R_x 指接收端 R_x 的个数为 1)

(2) 仿真分析了发送仰角对路径损耗的影响，仿真参数如表 4.3 所示。

表 4.3　仿真参数(发送仰角对路径损耗的影响)

参数	r /m	θ_2 /(°)	ϕ_1 /(°)	ϕ_2 /(°)
数值	100	20	17	30

仿真结果如图 4.3 所示。

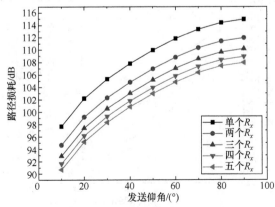

图 4.3　发送仰角对路径损耗的影响

(3) 仿真分析了接收仰角对路径损耗的影响，仿真参数如表 4.4 所示。

表 4.4　仿真参数(接收仰角对路径损耗的影响)

参数	r /m	θ_1 /(°)	ϕ_1 /(°)	ϕ_2 /(°)
数值	100	20	17	30

仿真结果如图 4.4 所示。

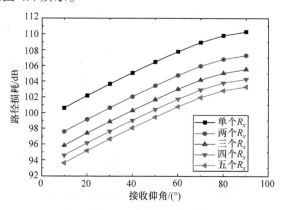

图 4.4　接收仰角对路径损耗的影响

(4) 仿真分析了接收视场角对路径损耗的影响，仿真参数如表 4.5 所示。

表 4.5　仿真参数(接收视场角对路径损耗的影响)

参数	r /m	θ_1 /(°)	θ_2 /(°)	ϕ_1 /(°)
数值	100	20	20	17

仿真结果如图 4.5 所示。

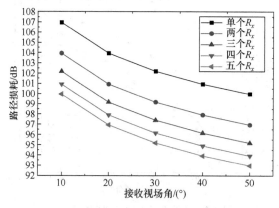

图 4.5　接收视场角对路径损耗的影响

由图 4.2～图 4.5 可以看出，分集接收降低了路径损耗，提高了链路性能。二分集比单接收的路径损耗降低了 3dB 左右，随着支路的增多，路径损耗降低。当支路增加到一定程度时，分集的效果将不再明显。

4.2　无线紫外光分集接收技术

分集接收是利用接收的多个互相独立的衰落信号在统计特性上和结构上的不同特点，按照一定的方法对它们进行合并与集中处理的方法，从而降低信号电平起伏，实现抗衰落。分集接收的必要条件为接收端必须能够获得两个及以上相互独立(或者近似独立)承载同一信息的若干个不同样值信号；分集接收的充分条件是接收到的两个及以上承载同一信息具有统计独立且相互独立的衰落信号如何进行选择或者组合。

分集接收技术是抗衰落的一项有效措施，通常需要使用两个及以上的收发天线来实现，降低接收时衰落的深度和持续时间可以采用该技术。分集接收技术是一种有效的通信方法，在不增加传输发射功率的条件下能够以比较低的费用提高无线通信的质量。无线紫外光通信信道带宽很窄，分集技术可以获得空间复用增益，进而增加信道容量。

4.2.1　无线紫外光通信信道衰落

无线通信信道的衰落分为慢衰落和快衰落两种[7]。慢衰落实际表征的是信号的局部中值随时间的变化情况，由障碍物或者其他原因造成的阻塞效应引起接收信号质量下降，但是信号局部中值随地理位置变化较为缓慢，因而被称为慢衰落。快衰落是由接收端附近物体对信号的散射、发射和折射造成的。基站与移动台之间的障碍物产生的散射、反射等现象，导致接收信号分量存在相位差，该相位差是由两个及以上信号副本以微小的时间差别到达接收机一起产生的。引起快衰落的主要原因是多径传输，因此它又被称为多径衰落。

快衰落中接收信号的相位特征是由衰落过程中的时域特性、空间域特性和频域特性共同决定。时域特性对应频率选择性衰落或者时延扩展，是由于码间干扰引起的接收信号波形变宽而形成的。频域特性对应于时间选择性衰落或多普勒扩展，是由收发端相对运动引起的多普勒平移造成的。空间域特性是指多径信号到达阵列天线的到达角度的展宽，对应空间选择性衰落或角度扩展。

在无线紫外光通信中，与无线通信一样也存在着慢衰落和快衰落的情况。快衰落是由于无线紫外光在大气中的强烈散射引起的码间干扰造成的；慢衰落是由大气湍流引起的光强起伏造成的[8]。无线紫外光通信信道衰落是两种衰落的乘积。因为光的频率很高，一般采用的是光电转换过程，所以无线紫外光一般不考虑空间选择性衰落和时间选择性衰落。

4.2.2 无线紫外光分集接收方式

分集接收技术在无线通信中是一种主要的抗衰落措施，可以有效地提高多径衰落信道下信息传输的可靠性。分集接收的基本思想是把接收端接收到的多径信号分割成互相独立的多路信号，使接收到的有用信号能量达到最大，从而把这些多路信号根据特定的规律组合，实现接收信号信噪比的提高。每一个信道称为一个分集支路，一个接收端能用的支路数越多，通信系统的误码率性能和抗噪声效果越好。一般采用分集增益来度量分集技术的性能，式(4.4)是分集增益的定义[9]：

$$G = -\lim \frac{\lg P_{\mathrm{e}}}{\lg \mathrm{SNR}} \tag{4.4}$$

其中，P_{e} 是信噪比等于 SNR 时的错误概率。

典型的分集方式主要有以下几种[9,10]。

1. 空间分集

空间分集是指由于多个接收地点位置的不同，利用多个接收到的信号衰落性质的不同，即信号样值统计上的不相关性，实现抗衰落的性能。空间分集是一种不用降低频谱效率的分集方式。发送端为一个天线，接收端为多个天线是空间分集的典型结构。每个天线为信息传输提供一个独立的无线通信信道，如果天线之间的距离足够大，那么等同于多个天线信号的衰落是相互独立的。在空间分集中，分集的天线数越多，分集效果越好，大量研究表明，一般当天线数大于 4 时，增益效果的改善不再明显。然而随着天线数的增加，设备的复杂性也就增大。

空间分集还有另外两种变化形式。

(1) 极化分集：利用极化的正交性来实现不相关衰落的特性，即在发送端和接收端的天线垂直于水平极化方向上分别发送和接收的信号，从而获得分集效果。

(2) 角度分集：根据信道环境的复杂性，调整天线不同角度的馈源等效空间分集的效果，即实现单个天线上不同角度到达信号样值统计上的不相关性。

2. 频率分集

频率分集是指利用不同频段衰落统计特性的差异，即位于不同频段的信号经衰落信道后在统计上的不相关特性，来实现抗衰落的功能。为了获得分集，载波频率之间的间隔应大于信道的相干带宽。

3. 时间分集

时间分集是指利用时间上衰落统计的差异实现抗时间选择性衰落的功能，即在不同的时间区间对同一信号多次重发，当时间间隔大于信道的相干时间，其经历的衰落相互独立，样点间的衰落具有统计上互不相关的特性。

在无线紫外光通信中，时间分集所采用设备造价太高，不利于机动使用。频率分集的实现较难，这是由于光源是将信号电流的强度转化成指定波段光的强度，接着由发送端发射出去。PMT 或者雪崩光电二极管(avalanche photo diode, APD)等光电转换器件都是将光强转换成电流，难以实现角度分集。因此，本章无线紫外光通信技术研究中的分集技术都是指空间分集。

4.2.3　无线紫外光分集接收信号合并方法

无线紫外光通信分集接收技术和其他无线通信一样，常用的信号合并方法有最大比合并[11](maximal ratio combining, MRC)、等增益合并(equal gain combining, EGC) 和选择性合并(selection combining, SC)三种方式[12]。图 4.6 为无线紫外光通信信号分集合并的示意图。

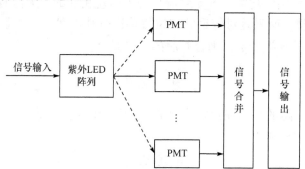

图 4.6　无线紫外光通信信号分集合并示意图

1. MRC

对接收端天线的 N 路信号进行加权，每条支路进行光电转换之后所对应的电流与噪声功率的比值决定权重。假设第 i 条支路的增益是 g_i，接收信号幅度是 R_i，则合并后的信号是[12]

$$R_N = \sum_{i=1}^{N} g_i R_i \tag{4.5}$$

设每条支路的平均噪声功率为 N_0，各条支路噪声功率的加权和就是合并之后总的噪声功率 N_T，因此

$$N_T = N_0 \sum_{i=1}^{N} g_i \tag{4.6}$$

信号合并后，信噪比为 SNR_M，则

$$\text{SNR}_M = \frac{R_N}{N_T} \tag{4.7}$$

当 $g_i = R_i / N_0$ 时，SNR_M 取得最大值，有

$$\text{SNR}_M = \sum_{i=1}^{N} \frac{R_i}{N_0} \tag{4.8}$$

从上面可以看出，合成后输出信号的信噪比是各条支路的信噪比之和，可以增大信噪比并降低误码率，从而获得了各条支路数 N 的满分集增益。因此在三种合并方式中，MRC 方式的性能是最优的，但是，由于需要已知每条支路信号的衰落幅度，所以 MRC 的复杂度最高[12,13]。

2. EGC

EGC 也称为相位均衡，各支路信号是等增益相加的，无需对信号加权。不用对幅度做补偿，而只是对信道的相位偏移进行补偿即可[14]。设每条支路上的信号幅度为 R_i，增益为 g，则合并后的信号是

$$R_N = g \sum_{i=1}^{N} R_i \tag{4.9}$$

假定每条支路的平均噪声功率是 N_0，则合并后总的噪声功率 N_T 是每条支路噪声功率的加权和为

$$N_T = N g N_0 \tag{4.10}$$

平均噪声功率是 N_0，则 N 条支路等增益合并之后输出的信噪比为

$$\text{SNR}_E = \frac{\sum_{i=1}^{N} R_i}{N N_0} \tag{4.11}$$

当分集接收支路数较大时，EGC 性能接近于 MRC。采用该方式的设备比较简单，实现起来也较为简单。

3. SC

SC 是指检测所有分集支路的信号，以选择其中信噪比最高的支路信号作为合并器的输出：

$$SNR_S = SNR_{MAX} \sum_{i=1}^{N} \frac{1}{i} \tag{4.12}$$

其中，SNR_{MAX} 为某一支路的最大信噪比。

4.3　无线紫外光常用技术研究

在大气湍流传输过程中，紫外光发射的信号经过反射、折射、散射等作用后，到达接收端的信号往往是不同路径信号的叠加，使得信号幅度随机变化，形成多径衰落。这种衰落会对接收到的有用信号产生干扰，使得信号波形产生失真、时延、叠加，严重影响系统的通信性能。为了有效抑制紫外光在大气湍流传输过程中信号衰落，可以采用分集技术来提高接收信号的质量[15]。本章主要对弱湍流条件下紫外光副载波分集技术的性能进行了分析。

4.3.1　副载波分集技术

分集技术把不同传输路径的信号，经过大气信道后所出现的衰落变得相互独立。在紫外光传输过程中，由于大气湍流的相干长度在厘米量级，只要确保接收天线之间的距离在厘米量级范围内，就可以使不同传输信道之间的衰落变得互不相关。

目前分集技术主要包括空间分集、时间分集、角度分集、极化分集和频率分集等，在紫外光通信系统中，一般采用空间分集技术。空间分集一般在不损失带宽利用率的情况下，能够以最小的代价改善无线紫外光通信系统的性能。紫外光空间分集技术是在发射端和接收端使用多个发送和接收天线，构成输入输出的多样化，从而有效提升无线紫外光通信系统的分集增益和信道容量。紫外光空间分集技术有两种：LOS 链路分集和 NLOS 链路分集。

1) LOS 链路分集

紫外光 LOS 链路分集接收示意图如图 4.7 所示，接收端采用多个接收机，发射端将需要传输的信号加载到紫外光源上发射出去，紫外光信号经过湍流信道后衰减得非常厉害，到达接收端的信号非常微弱。考虑到光电倍增管增益高、响应速度快的特点，接收端采用多个光电倍增管对紫外光信号进行接收，经过处理后将信息进行还原，这样就完成了紫外光 LOS 链路的分集接收。

2) NLOS 链路分集

紫外光 NLOS 链路分集接收示意图如图 4.8 所示，发射端采用多个发射机将信号发射出去，为了提高传输信号的质量，每个发射机的发送仰角都不一样，

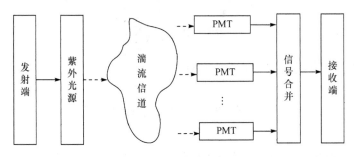

图 4.7　紫外光 LOS 链路分集接收示意图

可以采用小角度的发送仰角。接收端采用多个接收机进行接收，为了减少路径损耗，降低误码率，接收机可以采用小角度的接收仰角，这样就完成了紫外光 NLOS 链路的分集接收。

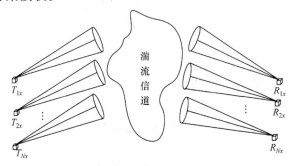

图 4.8　紫外光 NLOS 链路分集接收示意图

具体的无线紫外光副载波分集通信系统框图如图 4.9 所示[16]。无线紫外光副载波分集通信系统中，发射端首先把信源产生的二进制信息送入到电调制器进行电调制，然后将电信号送入到光调制器进行强度解调，最后加载到多个紫外光源上发射出去。接收端首先通过滤光片对紫外光进行滤波，减少背景光的干扰，然后经过多个 PMT 把紫外光信号变成电信号送入光解调器进行光解调，再送入到电解调器进行电解调，最终还原出原始信息。接收端进行电解调前先采用线性合并技术，合并技术主要有 MRC、EGC、SC 三种方式。

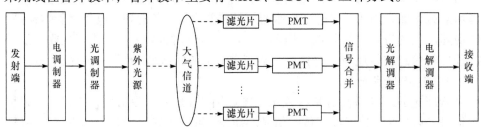

图 4.9　无线紫外光副载波分集通信系统框图[16]

4.3.2 LOS 链路副载波分集接收误码性能分析

1. MRC 误码性能分析

紫外光 LOS 链路采用 MRC 方式时，各支路加权系数与所对应的信噪比成正比。假设无线紫外光通信系统有 J 条分集支路，每条支路的平均信噪比 $\overline{SNR}_{LOS}$ 相等，对于 MRC 方式而言，合并后解调器输入端的平均信噪比为

$$\overline{SNR}_{MRC,LOS} = J\overline{SNR}_{LOS} \tag{4.13}$$

紫外光 LOS 链路通信过程中，对于副载波 BPSK 调制而言，对数正态分布的弱湍流信道采用 MRC 方式系统的误码率为

$$P_{MRC,LOS}(BPSK) = \frac{1}{\sqrt{\pi}} \int_{-\infty}^{\infty} f\left[\sqrt{J\overline{SNR}_{LOS}} \exp\left(\sqrt{2}\sigma_s x - \frac{\sigma_s^2}{2} \right) \right] e^{-x^2} dx \tag{4.14}$$

其中，$f(a) = \int_a^{\infty} \frac{1}{\sqrt{2\pi}} e^{-\frac{t^2}{2}} dy$；$\sigma_s$ 为光强闪烁指数；$\overline{SNR}_{LOS}$ 为 LOS 链路的平均信噪比。

对于副载波 MPSK 调制而言，采用 MRC 方式系统的误码率为

$$P_{MRC,LOS}(MPSK) = \frac{1}{\sqrt{\pi}} \int_{-\infty}^{\infty} f\left[\sin\frac{\pi}{J} \sqrt{J\overline{SNR}_{LOS}} \exp\left(\sqrt{2}\sigma_s x - \frac{\sigma_s^2}{2} \right) \right] e^{-x^2} dx \tag{4.15}$$

2. EGC 误码性能分析

紫外光 LOS 链路采用 EGC 方式时，各支路加权系数等于 1。假设无线紫外光通信系统有 J 条分集支路，每条支路的平均信噪比 $\overline{SNR}_{LOS}$ 相等，对于 EGC 方式而言，合并后解调器输入端的平均信噪比为

$$\overline{SNR}_{EGC,LOS} = \left[1 + (J-1)\frac{\pi}{4} \right] \overline{SNR}_{LOS} \tag{4.16}$$

紫外光 LOS 链路通信过程中，对于副载波 BPSK 调制而言，对数正态分布的弱湍流信道采用 EGC 方式系统的误码率为

$$P_{EGC,LOS}(BPSK) = \frac{1}{\sqrt{\pi}} \int_{-\infty}^{\infty} f\left[\sqrt{\overline{SNR}_{EGC,LOS}} \exp\left(\sqrt{2}\sigma_s x - \frac{\sigma_s^2}{2} \right) \right] e^{-x^2} dx \tag{4.17}$$

对于副载波 MPSK 调制而言，采用 EGC 方式系统的误码率为

$$P_{EGC,LOS}(MPSK) = \frac{1}{\sqrt{\pi}} \int_{-\infty}^{\infty} f\left[\sin\frac{\pi}{J} \sqrt{\overline{SNR}_{EGC,LOS}} \exp\left(\sqrt{2}\sigma_s x - \frac{\sigma_s^2}{2} \right) \right] e^{-x^2} dx \tag{4.18}$$

3. SC 误码性能分析

紫外光 LOS 链路采用 SC 方式时，各支路加权系数只有一个为 1，其余全为 0。假设无线紫外光通信系统有 J 条分集支路，每条支路的平均信噪比 $\overline{\mathrm{SNR}}_{\mathrm{LOS}}$ 相等，对于 SC 方式而言，合并后解调器输入端的平均信噪比为

$$\overline{\mathrm{SNR}}_{\mathrm{SC,LOS}} = \sum_{k=1}^{J} \frac{1}{k} \overline{\mathrm{SNR}}_{\mathrm{LOS}} \qquad (4.19)$$

紫外光 LOS 链路通信过程中，对于副载波 BPSK 调制而言，对数正态分布的弱湍流信道采用 SC 方式系统的误码率为

$$P_{\mathrm{SC,LOS}}(\mathrm{BPSK}) = \frac{1}{\sqrt{\pi}} \int_{-\infty}^{\infty} f\left[\sqrt{\sum_{k=1}^{J} \frac{1}{k} \overline{\mathrm{SNR}}_{\mathrm{LOS}}} \exp\left(\sqrt{2}\sigma_s x - \frac{\sigma_s^2}{2} \right) \right] \mathrm{e}^{-x^2} \mathrm{d}x \qquad (4.20)$$

对于副载波 MPSK 调制而言，采用 SC 方式系统的误码率为

$$P_{\mathrm{SC,LOS}}(\mathrm{MPSK}) = \frac{1}{\sqrt{\pi}} \int_{-\infty}^{\infty} f\left[\sin\frac{\pi}{J} \sqrt{\sum_{k=1}^{J} \frac{1}{k} \overline{\mathrm{SNR}}_{\mathrm{LOS}}} \exp\left(\sqrt{2}\sigma_s x - \frac{\sigma_s^2}{2} \right) \right] \mathrm{e}^{-x^2} \mathrm{d}x \qquad (4.21)$$

4.3.3　NLOS 链路副载波分集接收误码性能分析

1. MRC 误码性能分析

紫外光 NLOS 链路采用 MRC 方式时，各支路加权系数与所对应的信噪比成正比。假设无线紫外光通信系统有 J 条分集支路，每条支路的平均信噪比 $\overline{\mathrm{SNR}}_{\mathrm{NLOS}}$ 相等，对于 MRC 方式而言，合并后解调器输入端的平均信噪比为

$$\overline{\mathrm{SNR}}_{\mathrm{MRC,NLOS}} = J\overline{\mathrm{SNR}}_{\mathrm{NLOS}} \qquad (4.22)$$

紫外光 NLOS 链路通信过程中，对于副载波 BPSK 调制而言，对数正态分布的弱湍流信道采用 MRC 方式系统的误码率为

$$P_{\mathrm{MRC,NLOS}}(\mathrm{BPSK}) = \frac{1}{\sqrt{\pi}} \int_{-\infty}^{\infty} f(i_y) f\left[\sqrt{J\overline{\mathrm{SNR}}_{\mathrm{NLOS}}} \exp\left(\sqrt{2}\sigma_s i_y - \frac{\sigma_s^2}{2} \right) \right] \mathrm{e}^{-i_y^2} \mathrm{d}i_y$$

$$(4.23)$$

其中，$f(i_y)$ 为式(3.21)接收端强度分布概率密度函数；$f(a) = \int_a^{\infty} \frac{1}{\sqrt{2\pi}} \mathrm{e}^{-\frac{t^2}{2}} \mathrm{d}y$；$\sigma_s$ 为光强闪烁指数。

NLOS 链路弱湍流时的平均信噪比为

$$\overline{\text{SNR}}_{\text{NLOS}} = \frac{\text{SNR}_{\text{NLOS}}}{\sqrt{\dfrac{P_r}{\overline{P_r}} + \delta_S^2 \text{SNR}_{\text{NLOS}}}} \tag{4.24}$$

其中，$\text{SNR}_{\text{NLOS}} = \sqrt{\dfrac{y_0\lambda}{2Rhc}}$ 为无湍流时的信噪比，y_0 为无湍流时的接收功率，R 为数据速率，h 为普朗克常量，c 为光速，λ 为波长；P_r 为无湍流时的平均接收功率；$\overline{P_r}$ 为弱湍流时的平均接收功率。

对于副载波 MPSK 调制而言，采用 MRC 方式系统的误码率为

$$P_{\text{MRC,NLOS}}(\text{MPSK}) = \frac{1}{\sqrt{\pi}} \int_{-\infty}^{\infty} f(i_y) f\left[\sin\frac{\pi}{J} \sqrt{J\overline{\text{SNR}}_{\text{NLOS}}} \exp\left(\sqrt{2}\sigma_s i_y - \frac{\sigma_s^2}{2} \right) \right] \mathrm{e}^{-i_y^2} \mathrm{d}i_y \tag{4.25}$$

2. EGC 误码性能分析

紫外光 NLOS 链路采用 EGC 方式时，各支路加权系数等于 1。假设无线紫外光通信系统有 J 条分集支路，每条支路的平均信噪比 $\overline{\text{SNR}}_{\text{NLOS}}$ 相等，对于 EGC 方式而言，合并后解调器输入端的平均信噪比为

$$\overline{\text{SNR}}_{\text{EGC,NLOS}} = \left[1 + (J-1)\frac{\pi}{4} \right] \overline{\text{SNR}}_{\text{NLOS}} \tag{4.26}$$

其中，$\overline{\text{SNR}}_{\text{NLOS}}$ 为式(4.24)的 NLOS 链路弱湍流时的平均信噪比。

紫外光 NLOS 链路通信过程中，对于副载波 BPSK 调制而言，对数正态分布的弱湍流信道采用 EGC 方式系统的误码率为

$$P_{\text{EGC,NLOS}}(\text{BPSK}) = \frac{1}{\sqrt{\pi}} \int_{-\infty}^{\infty} f(i_y) f\left[\sqrt{\overline{\text{SNR}}_{\text{EGC,NLOS}}} \exp\left(\sqrt{2}\sigma_s i_y - \frac{\sigma_s^2}{2} \right) \right] \mathrm{e}^{-i_y^2} \mathrm{d}i_y \tag{4.27}$$

对于副载波 MPSK 调制而言，采用 EGC 方式系统的误码率为

$$P_{\text{EGC,NLOS}}(\text{MPSK}) = \frac{1}{\sqrt{\pi}} \int_{-\infty}^{\infty} f(i_y) f\left[\sin\frac{\pi}{J} \sqrt{\overline{\text{SNR}}_{\text{EGC,NLOS}}} \exp\left(\sqrt{2}\sigma_s i_y - \frac{\sigma_s^2}{2} \right) \right] \mathrm{e}^{-i_y^2} \mathrm{d}i_y \tag{4.28}$$

3. SC 误码性能分析

紫外光 NLOS 链路采用 SC 方式时，各支路加权系数只有一个为 1，其余全为 0。假设无线紫外光通信系统有 J 条分集支路，每条支路的平均信噪比

$\overline{\text{SNR}}_{\text{NLOS}}$ 相等，对于 SC 方式而言，合并后解调器输入端的平均信噪比为

$$\overline{\text{SNR}}_{\text{SC,NLOS}} = \sum_{k=1}^{J} \frac{1}{k} \overline{\text{SNR}}_{\text{NLOS}} \tag{4.29}$$

其中，$\overline{\text{SNR}}_{\text{NLOS}}$ 为式(4.24)的 NLOS 链路弱湍流时的平均信噪比。

紫外光 NLOS 链路通信过程中，对于副载波 BPSK 调制而言，对数正态分布的弱湍流信道采用 SC 方式系统的误码率为

$$P_{\text{SC,NLOS}}(\text{BPSK}) = \frac{1}{\sqrt{\pi}} \int_{-\infty}^{\infty} f(i_y) f\left[\sqrt{\sum_{k=1}^{J} \frac{1}{k} \overline{\text{SNR}}_{\text{NLOS}}} \exp\left(\sqrt{2}\sigma_s i_y - \frac{\sigma_s^2}{2} \right) \right] \mathrm{e}^{-i_y^2} \mathrm{d}i_y \tag{4.30}$$

对于副载波 MPSK 调制而言，采用 SC 方式系统的误码率为

$$P_{\text{SC,NLOS}}(\text{MPSK}) = \frac{1}{\sqrt{\pi}} \int_{-\infty}^{\infty} f(i_y) f\left[\sin\frac{\pi}{J} \sqrt{\sum_{k=1}^{J} \frac{1}{k} \overline{\text{SNR}}_{\text{NLOS}}} \exp\left(\sqrt{2}\sigma_s i_y - \frac{\sigma_s^2}{2} \right) \right] \mathrm{e}^{-i_y^2} \mathrm{d}i_y$$

$$\tag{4.31}$$

4.3.4 仿真结果与分析

根据上述理论分析，本节仿真分析了不同接收天线数目紫外光副载波分集接收技术在弱湍流条件下对紫外光 LOS 和 NLOS 通信方式误码性能的影响，仿真过程中，系统部分仿真参数取值如表 4.6 所示。

表 4.6 系统部分仿真参数

参数	数值
接收孔径面积 A_r /cm²	1.77
探测器的探测效率 η_r	0.2
波长 λ /nm	250
大气消光系数 K_e /km⁻¹	1.961×10^{-3}
大气散射系数 K_s /km⁻¹	0.759×10^{-3}
散射相函数 P_s	1
光电响应度 R /(mA/W)	48

1. LOS 通信时副载波分集接收性能仿真

图 4.10 仿真分析了不同接收天线数目 LOS 通信时副载波 BPSK 三种合并方式的误码性能，其中闪烁指数 σ_s =0.2，图 4.10(a)中接收天线 N=2，图 4.10(b)中接收天线 N=4，ND 代表无分集。从图中可以看出，随着信噪比的不断增大，

不同合并方式的误码率逐渐降低。当信噪比相同时，三种合并方式中，MRC 的性能最优，其次是 EGC，SC 的性能最差。图 4.10(a)中，当信噪比为 20dB 时，ND、MRC、EGC、SC 的误码率分别为 1.18×10^{-4}dB、1.02×10^{-5}dB、1.55×10^{-5}dB、2.91×10^{-5}dB。图 4.10(b)中，当信噪比为 20dB 时，ND、MRC、EGC、SC 的误码率分别为 1.18×10^{-4}dB、5.81×10^{-7}dB、1.31×10^{-6}dB、8.81×10^{-6}dB。

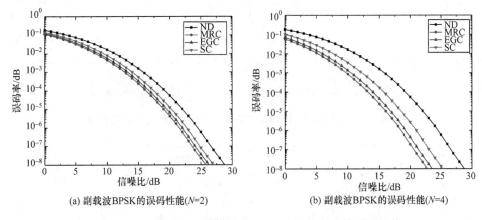

(a) 副载波BPSK的误码性能(*N*=2)　　　　　　(b) 副载波BPSK的误码性能(*N*=4)

图 4.10　LOS 通信时副载波 BPSK 三种合并方式的误码性能

图 4.11 仿真分析了不同接收天线数目 LOS 通信时副载波 QPSK 三种合并方式的误码性能，其中闪烁指数 σ_s=0.2，图 4.11(a)中接收天线 *N*=2，图 4.11(b)中接收天线 *N*=4，ND 代表无分集。从图中可以看出，随着信噪比的不断增大，不同合并方式的误码率逐渐降低。当信噪比相同时，三种合并方式中，MRC 的性能最优，其次是 EGC，SC 的性能最差。图 4.11(a)中，当信噪比为 20dB 时，ND、MRC、EGC、SC 的误码率分别为 8.83×10^{-4}dB、1.17×10^{-4}dB、1.69×10^{-4}dB、2.86×10^{-4}dB。图 4.11(b)中，当信噪比为 20dB 时，ND、MRC、EGC、SC 的误码率分别为 8.83×10^{-4}dB、1.02×10^{-5}dB、1.95×10^{-5}dB、1.03×10^{-4}dB。

图 4.12 仿真分析了不同接收天线数目 LOS 通信时副载波 8PSK 三种合并方式的误码性能，其中闪烁指数 σ_s=0.2，图 4.12(a)中接收天线 *N*=2，图 4.12(b)中接收天线 *N*=4，ND 代表无分集。从图中可以看出，随着信噪比的不断增大，不同合并方式的误码率逐渐降低。当信噪比相同时，三种合并方式中，MRC 的性能最优，其次是 EGC，SC 的性能最差。图 4.12(a)中，当信噪比为 20dB 时，ND、MRC、EGC、SC 的误码率分别为 1.28×10^{-2}dB、3.25×10^{-3}dB、4.17×10^{-3}dB、5.98×10^{-3}dB。图 4.12(b)中，当信噪比为 20dB 时，ND、MRC、EGC、SC 的误码率分别为 1.28×10^{-2}dB、5.77×10^{-4}dB、9.24×10^{-4}dB、2.97×10^{-3}dB。

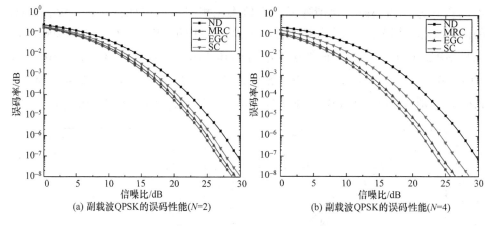

(a) 副载波QPSK的误码性能(N=2)　　　　　　(b) 副载波QPSK的误码性能(N=4)

图 4.11　LOS 通信时副载波 QPSK 三种合并方式的误码性能

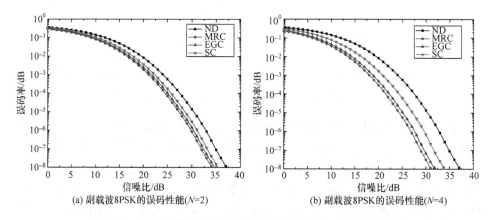

(a) 副载波8PSK的误码性能(N=2)　　　　　　(b) 副载波8PSK的误码性能(N=4)

图 4.12　LOS 通信时副载波 8PSK 三种合并方式的误码性能

图 4.13 仿真分析了不同接收天线数目 LOS 通信时发射功率对副载波 BPSK 三种合并方式误码性能的影响，其中通信距离为 $r = 200\text{m}$，数据传输速率 $R = 500\text{Kbps}$，图 4.13(a)中接收天线 $N=2$，图 4.13(b)中接收天线 $N=4$，ND 代表无分集。从图中可以看出，随着发射功率的不断增大，不同合并方式的误码率逐渐降低。当发射功率相同时，三种合并方式中，MRC 的性能最优，其次是 EGC，SC 的性能最差。图 4.13(a)中，当发射功率为 15mW 时，ND、MRC、EGC、SC 的误码率分别为 $5.35 \times 10^{-6}\text{dB}$、$2.46 \times 10^{-7}\text{dB}$、$4.32 \times 10^{-7}\text{dB}$、$9.92 \times 10^{-7}\text{dB}$。图 4.13(b)中，当发射功率为 15mW 时，ND、MRC、EGC、SC 的误码率分别为 $5.35 \times 10^{-6}\text{dB}$、$1.02 \times 10^{-8}\text{dB}$、$2.21 \times 10^{-8}\text{dB}$、$2.00 \times 10^{-7}\text{dB}$。

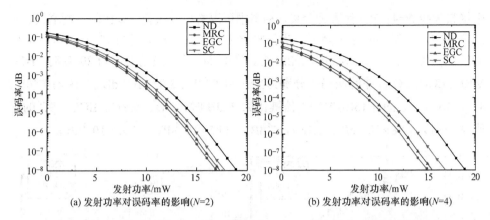

(a) 发射功率对误码率的影响(N=2)　　　　　　(b) 发射功率对误码率的影响(N=4)

图 4.13　LOS 通信时发射功率对副载波 BPSK 三种合并方式误码率的影响

图 4.14 仿真分析了不同接收天线数目 LOS 通信时通信距离对副载波 BPSK 三种合并方式误码性能的影响，其中发射功率 $P_t = 10\text{mW}$，数据传输速率 $R = 500\text{Kbps}$，图 4.14(a)中接收天线 N=2，图 4.14(b)中接收天线 N=4，ND 代表无分集。从图中可以看出，随着通信距离的不断增大，不同合并方式的误码率逐渐增大。当通信距离相同时，三种合并方式中，MRC 的性能最优，其次是 EGC，SC 的性能最差。图 4.14(a)中，当通信距离为 200m 时，ND、MRC、EGC、SC 合并的误码率分别为 $1.42 \times 10^{-3}\text{dB}$、$2.12 \times 10^{-4}\text{dB}$、$2.97 \times 10^{-4}\text{dB}$、$4.88 \times 10^{-4}\text{dB}$。图 4.14(b)中，当通信距离为 200m 时，ND、MRC、EGC、SC 的误码率分别为 $1.42 \times 10^{-3}\text{dB}$、$2.03 \times 10^{-7}\text{dB}$、$3.81 \times 10^{-5}\text{dB}$、$3.67 \times 10^{-4}\text{dB}$。

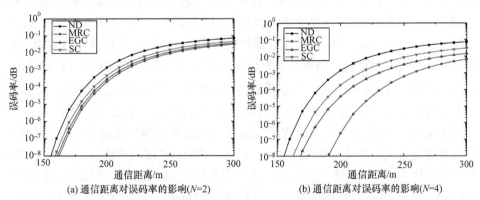

(a) 通信距离对误码率的影响(N=2)　　　　　　(b) 通信距离对误码率的影响(N=4)

图 4.14　LOS 通信时通信距离对副载波 BPSK 三种合并方式误码率的影响

2. NLOS 通信时副载波分集接收性能仿真

图 4.15 仿真分析了不同接收天线数目 NLOS 通信时副载波 BPSK 三种合并方式的误码性能，其中闪烁指数 σ_s =0.2，图 4.15(a)中接收天线 N=2，图 4.15(b)

中接收天线 N=4，ND 代表无分集。从图中可以看出，随着信噪比的不断增大，不同合并方式的误码率逐渐降低。当信噪比相同时，三种合并方式中，MRC 的性能最优，其次是 EGC，SC 的性能最差。图 4.15(a)中，当信噪比为 20dB 时，ND、MRC、EGC、SC 合并的误码率分别为 4.58×10^{-3}dB、8.83×10^{-4}dB、1.19×10^{-3}dB、1.83×10^{-3}dB。图 4.15(b)中，当信噪比为 20dB 时，ND、MRC、EGC、SC 的误码率分别为 4.58×10^{-3}dB、1.18×10^{-4}dB、2.05×10^{-4}dB、7.92×10^{-4}dB。

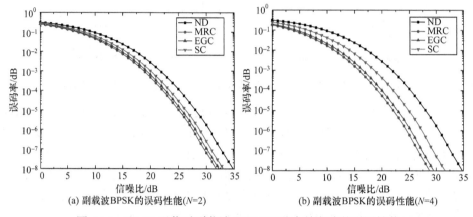

(a) 副载波BPSK的误码性能(N=2)   (b) 副载波BPSK的误码性能(N=4)

图 4.15 NLOS 通信时副载波 BPSK 三种合并方式的误码性能

图 4.16 仿真分析了不同接收天线数目 NLOS 通信时副载波 QPSK 三种合并方式的误码性能，其中闪烁指数 σ_s=0.2，图 4.16(a)中接收天线 N=2，图 4.16(b)中接收天线 N=4，ND 代表无分集。从图中可以看出，随着信噪比的不断增大，不同合并方式的误码率逐渐降低。当信噪比相同时，三种合并方式中，MRC 的性能最优，其次是 EGC，SC 的性能最差。图 4.16(a)中，当信噪比为 20dB 时，ND、MRC、EGC、SC 的误码率分别为 1.68×10^{-2}dB、4.58×10^{-3}dB、5.80×10^{-3}dB、8.16×10^{-3}dB。图 4.16(b)中，当信噪比为 20dB 时，ND、MRC、EGC、SC 的误码率分别为 1.68×10^{-2}dB、8.83×10^{-4}dB、1.38×10^{-3}dB、4.20×10^{-3}dB。

图 4.17 仿真分析了不同接收天线数目 NLOS 通信时副载波 8PSK 三种合并方式的误码性能，其中闪烁指数 σ_s=0.2，图 4.17(a)中接收天线 N=2，图 4.17(b)中接收天线 N=4，ND 代表无分集。从图中可以看出，随着信噪比的不断增大，不同合并方式的误码率逐渐降低。当信噪比相同时，三种合并方式中，MRC 的性能最优，其次是 EGC，SC 的性能最差。图 4.17(a)中，当信噪比为 20dB 时，ND、MRC、EGC、SC 的误码率分别为 8.14×10^{-2}dB、3.70×10^{-2}dB、4.28×10^{-2}dB、5.29×10^{-2}dB。图 4.17(b)中，当信噪比为 20dB 时，ND、MRC、EGC、SC 的误码率分别为 8.14×10^{-2}dB、1.28×10^{-2}dB、1.72×10^{-2}dB、3.50×10^{-2}dB。

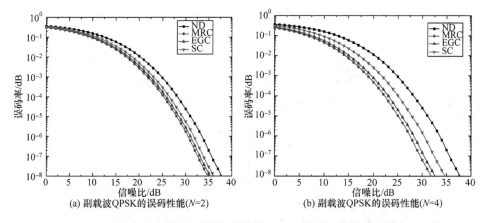

图 4.16　NLOS 通信时副载波 QPSK 三种合并方式的误码性能

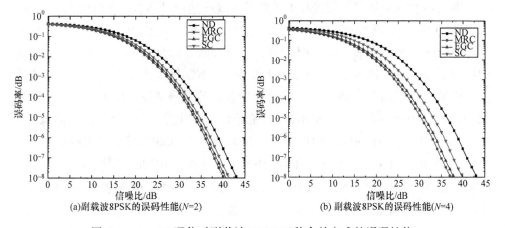

图 4.17　NLOS 通信时副载波 8PSK 三种合并方式的误码性能

图 4.18 仿真分析了不同接收天线数目 NLOS 通信时发射功率对副载波 BPSK 三种合并方式误码性能的影响,其中通信距离为 $r = 200\text{m}$,数据传输速率 $R = 500\text{Kbps}$,发散角 $\phi_1 = 10°$,视场角 $\phi_2 = 30°$,收发仰角 $\theta_1 = \theta_2 = 20°$,图 4.18(a) 中接收天线 $N=2$,图 4.18(b) 中接收天线 $N=4$,ND 代表无分集。从图中可以看出,随着发射功率的不断增大,不同合并方式的误码率逐渐降低。当发射功率相同时,三种合并方式中,MRC 的性能最优,其次是 EGC,SC 的性能最差。图 4.18(a) 中,当发射功率为 15mW 时,ND、MRC、EGC、SC 的误码率分别为 $3.35 \times 10^{-3}\text{dB}$ 、 $6.00 \times 10^{-4}\text{dB}$ 、 $8.15 \times 10^{-4}\text{dB}$ 、 $1.28 \times 10^{-3}\text{dB}$ 。图 4.18(b) 中, 当发射功率为 15mW 时,ND、MRC、EGC、SC 的误码率分别为 $3.35 \times 10^{-3}\text{dB}$ 、 $2.86 \times 10^{-7}\text{dB}$ 、 $6.76 \times 10^{-7}\text{dB}$ 、 $5.14 \times 10^{-6}\text{dB}$ 。

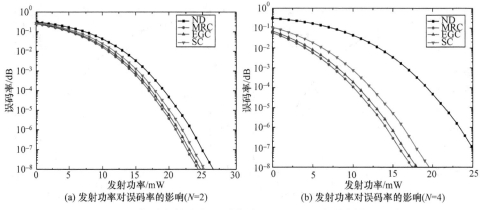

(a) 发射功率对误码率的影响(N=2)　　　　　　　(b) 发射功率对误码率的影响(N=4)

图 4.18　NLOS 通信时发射功率对副载波 BPSK 三种合并方式误码率的影响

图 4.19 仿真分析了不同接收天线数目 NLOS 通信时通信距离对副载波 BPSK 三种合并方式误码性能的影响，其中发射功率 $P_t = 15\text{mW}$ ，数据传输速率 $R = 500\text{Kbps}$ ，发散角 $\phi_1 = 10°$ ，视场角 $\phi_2 = 30°$ ，收发仰角 $\theta_1 = \theta_2 = 20°$ ，图 4.19(a) 中接收天线 N=2，图 4.19(b)中接收天线 N=4，ND 代表无分集。从图中可以看出，随着通信距离的不断增大，不同合并方式的误码率逐渐增大。当通信距离相同时，三种合并方式中，MRC 的性能最优，其次是 EGC，SC 的性能最差。图 4.19(a)中，当通信距离为 100m 时，ND、MRC、EGC、SC 的误码率分别为 $9.14 \times 10^{-3}\text{dB}$ 、 $4.33 \times 10^{-3}\text{dB}$ 、 $4.97 \times 10^{-3}\text{dB}$ 、 $6.08 \times 10^{-3}\text{dB}$ 。图 4.19(b)中，当通信距离为 100m 时，ND、MRC、EGC、SC 的误码率分别为 $9.14 \times 10^{-2}\text{dB}$ 、 $2.40 \times 10^{-6}\text{dB}$ 、 $4.83 \times 10^{-6}\text{dB}$ 、 $2.80 \times 10^{-5}\text{dB}$ 。

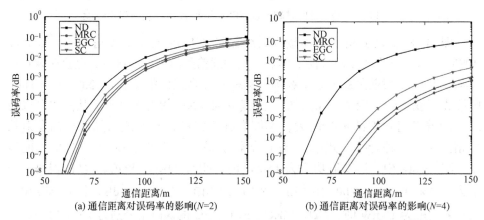

(a) 通信距离对误码率的影响(N=2)　　　　　　　(b) 通信距离对误码率的影响(N=4)

图 4.19　NLOS 通信时通信距离对副载波 BPSK 三种合并方式误码率的影响

结果表明，相同条件下，三种合并方式中，MRC 的性能最优，其次是 EGC，

SC 的性能最差。随着接收天线数目的增加，紫外光副载波调制方式性能逐渐提高。

参 考 文 献

[1] 李建东, 郭梯云, 邬国扬. 移动通信(第四版)[M]. 西安: 西安电子科技大学出版社, 2006.

[2] 罗畅. 非直视光通信信号处理研究与基带系统设计[D]. 北京: 中国科学院研究生院(空间科学与应用研究中心), 2011.

[3] ZUO Y, WU J, XIAO H F, et al. Non-line-of-sight ultraviolet communication performance in atmospheric turbulence[J]. Communications, 2013, 10(11): 52-57.

[4] 吴伟陵, 牛凯. 移动通信原理[M]. 北京: 电子工业出版社, 2009.

[5] KARAGIANNIDIS G K, ZOGAS D A, SAGIAS N C, et al. Equal-gain and maximal-ratio combining over nonidentical Weibull fading channels[J]. IEEE Transactions on Wireless Communications, 2005, 4(3):841-846.

[6] RAPPAPORT T S. 无线通信原理与应用[M]. 2 版. 周文安, 等, 译. 北京: 电子工业出版社, 2006.

[7] ALOUINI M S, SIMON M K. Error rate analysis of M-PSK with equal gain combining over Nakagami fading channels[C]. Vehicular Technology Conference, 1999 IEEE. IEEE, Houston, 1999: 2378-2382.

[8] 张琳, 秦家银. 最大比合并分集接收性能的新的分析方法[J]. 电波科学学报, 2007, (2): 347-354.

[9] RIZVI U H, YILMAZ F, ALOUINI M S, et al. Performance of equal gain combining with quantized phases in Rayleigh fading channels[J]. IEEE Transactions on Communications, 2011, 59(1):13-18.

[10] 李霁野, 邱柯妮. 紫外光通信在军事通信系统中的应用[J]. 光学与光电技术, 2005, (4): 19-21.

[11] ZACHOR A S. Aureole radiance field about a source in a scattering-absorbing medium[J]. Applied Optics, 1978, 17(12):1911.

[12] LAWRENCE R S, STROHBEHN J W. A survey of clear-air propagation effects relevant to optical communications[J]. Proceedings of the IEEE, 2005, 58(10):1523-1545.

[13] XU Z. Approximate performance analysis of wireless ultraviolet links[C]. IEEE International Conference on Acoustics, Speech and Signal Processing. IEEE, Honolulu, 2007:577-580.

[14] HAN D, FAN X, ZHANG K, et al. Research on multiple-scattering channel with Monte Carlo model in UV atmosphere communication[J]. Applied Optics, 2013, 52(22):5516-5522.

[15] ALAMOUTI S M. A simple transmit diversity technique for wireless communications[J]. IEEE Journal on Selected Areas in Communications, 1998, 16(8):1451-1458.

[16] 陈丹, 柯熙政. 副载波调制无线光通信分集接收技术研究[J]. 通信学报, 2012, 33(8): 128-133.

第5章 无线紫外光网络拓扑控制

5.1 基于粒子群的无线紫外光网络信道分配算法

粒子群优化[1](particle swarm optimization, PSO)算法是由 Kennedy 和 Eberhart 博士在 1995 年共同提出的一种新的模仿鸟类群体行为的智能优化算法，具有容易实现和收敛速度快等优势。该算法通过初始化一群随机粒子，并利用迭代方式，使每个粒子向自身找到的最好位置和群体中的最好粒子靠近，从而搜索最优解。信道分配[2]问题是一个离散优化问题，虽然传统的 PSO 算法并不适合求解离散问题，但通过将其位置和速度更新公式改进后，对离散化问题的求解更为快速准确。文献[3]针对 WMN 信道分配，重点考虑了连通度、最小化干扰以及流动模型等问题，并针对上述问题采用不同的信道分配策略。文献[4]讨论了基于粒子群的无线多跳网络信道分配方法，分别给出了离散粒子群优化(discrete particle swarm optimization, DPSO)算法、Tabu-Based 算法和 Heuristic 算法的性能对比曲线。文献[5]提出了 WMN 中基于离散粒子群优化的信道分配算法，并将此方法与文献[4]中的 Tabu-Based 算法对比，该算法能有效降低网络干扰并提升网络性能，充分体现了基于粒子群的离散信道分配的优越性。

上述信道分配方法都是应用于 WMN 中，其干扰具有全向性，在一定程度上造成了资源的浪费。本章节针对无线紫外光散射通信中 NLOS 传输特点和信道干扰模型，采用基于粒子群算法的信道分配方法(channel allocation method based on particle swarm, CAM-PS)[6]，充分考虑空间角度对信道冲突矩阵的影响，实现了一种定向、快速的信道分配新方法。同时，仿真分析了该算法的平均迭代次数、平均干扰度以及收敛时间与粒子群数目和信道数目的关系。结果表明，本章给出的无线紫外光网络信道分配方法具有收敛速度快、冲突度小的优势，保障了无线紫外光网络信道分配的快速性和准确性。

5.1.1 离散粒子群信道分配

基本 PSO 算法主要针对连续函数进行搜索运算，但许多实际问题可描述为离散的组合优化问题。为了解决该问题，Kennedy 等[7]于 1997 年提出了离散二进制离子群算法，采用二进制方式对粒子位置进行编码，通过 Sigmoid 函数将速度约束在[0,1]区间，并以此确定取 1 的概率。基本的二进制粒子群算法与基本 PSO 算法类似，都会由于粒子在运动过程中产生惰性而发生早熟收敛现象。为了解决这一问题，杨红孺等[8]于 2005 年，在基本二进制 DPSO 算法的基础上，提出了改进的二进制 DPSO 算法。新算法利用基本粒子群算法中"粒子依赖自身经验及粒子群全体经验，同时克服自身飞行惰性"的思想，改进了粒子的更新公式，并将离散的二值由 0、1 改为–1、1。

　　本章所采用的基于粒子群的无线紫外光网络快速信道分配方法，是将信道分配方案抽象为粒子群中的粒子，初始化过程中随机产生一群粒子，即多种信道分配方案，根据给出的网络及干扰模型判断此粒子是否最优，并通过迭代产生新的粒子，最终找到合适的信道分配方案。DPSO 算法的粒子群表述为

$$X = [X_1, X_2, \cdots, X_O], X_i = [x_i^1, x_i^2, \cdots, x_i^N] \tag{5.1}$$

其中，O 为粒子群的群体规模；N 为粒子群离散化后的位数。离散粒子每一位 x_i^j 可取的值与信道数目有关。假设信道数目为 K，则 x_i^j 可取的值为 $0 \sim K$ 中的任意整数值。离散粒子群粒子的更新公式如下所示：

$$x_{i+1} = x_i + v \tag{5.2}$$

其中，x_i 表示粒子当前时刻的位置；x_{i+1} 表示粒子下一时刻的位置；v 表示粒子的更新速度，速度的更新要根据实际情况来选择。

5.1.2　CAM-PS 算法网络模型及问题描述

1. 网络模型和干扰模型

　　本章研究的网络模型是由 N 个无线 Mesh 路由器组成的无线 Mesh 主干网，每个路由器相当于一个网络节点。将无线 Mesh 主干网建模成一个有向图 $G = (V, E)$，其中，V 表示无线 Mesh 路由器的节点，E 表示节点间的边，即通信链路[9]。当两个节点处于各自的通信范围且具有相同的信道时，便可构成一条通信链路。信道是指信号的传输媒质，分为有线信道和无线信道，本章采用无线信道进行通信，即根据信号的频率来区分不同的信道，网络中可用的信道数目是有限的，在此用 K 表示。

　　由于无线媒介广播特性的存在，处于通信范围内的两个节点间的通信，可能对属于其干扰范围内的其他节点造成不必要的干扰，干扰的存在必然会影响整个网络的通信质量。目前，对干扰的描述主要有物理模型和协议模型。本章采用协议模型进行描述，即根据节点间的距离判断其组成的链路之间是否存在干扰，相互干扰用 1 表示，否则用 0 表示。在本章中，将采用冲突度对干扰进行量化描述。

对于给定的干扰模型，假设冲突域为一跳。相互干扰的链路同时使用相同信道时，可用冲突图表示。冲突图 $G_C(V_C,E_C)$ 由顶点集 V_C 和冲突边集 E_C 组成，表示链路 (l_{ij},l_{ab}) 之间使用同一信道时相互干扰的情况。图 5.1 是网络拓扑图与对应的邻域冲突图。

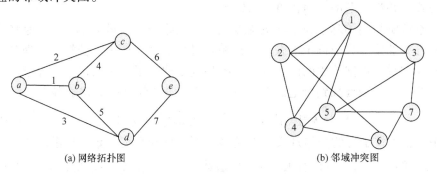

(a) 网络拓扑图　　　　　　　　　　　　　(b) 邻域冲突图

图 5.1　网络拓扑图与对应的邻域冲突图

相应的网络拓扑矩阵和邻域冲突矩阵可表示为

$$G=\begin{bmatrix}0&1&1&1&0\\1&0&1&1&0\\1&1&0&0&1\\1&1&0&0&1\\0&0&1&1&0\end{bmatrix}\quad G_C=\begin{bmatrix}0&1&1&1&1&0&0\\1&0&1&1&0&1&0\\1&1&0&0&1&0&1\\1&1&0&0&1&1&0\\1&0&1&1&0&0&1\\0&1&0&1&0&0&1\\0&0&1&0&1&1&0\end{bmatrix}\tag{5.3}$$

其中，"1"表示两点之间有连接关系；"0"表示两点之间无连接关系。

2. 信道分配问题与约束条件

图 5.2 为紫外光 NLOS 通信的投影立体图，发送端节点的发散角为 ϕ_1，发送仰角为 θ_1，接收端节点的视场角为 ϕ_2，接收仰角为 θ_2，发送和接收节点对之间的距离为 r，发送端功率能量是有限的。其最远传输距离是 r_1，作以 r_1 为高、GH 为底面圆直径的圆锥在地面的投影，投影区域为 $EAFD$，可见覆盖范围方位角为 θ。由图 5.2 可得 $B'E=OG$，$\tan\left(\dfrac{\phi_1}{2}\right)=\dfrac{OG}{OA}$，$\cos\theta_1=\dfrac{AB'}{OA}$，$\tan\left(\dfrac{\angle EAF}{2}\right)=$

$\dfrac{B'E}{AB'}=\dfrac{OG}{AB'}=\dfrac{OA\tan\left(\dfrac{\phi_1}{2}\right)}{OA\cos(\theta_1)}=\dfrac{\tan\left(\dfrac{\phi_1}{2}\right)}{\cos(\theta_1)}$，因此，覆盖范围的方向角为

$$\theta = \angle EAF = 2\arctan\left[\frac{\tan\left(\dfrac{\varphi_1}{2}\right)}{\cos\theta_1}\right] \quad (5.4)$$

由自由空间路径损耗公式 $L = P_t / P_r = \xi r^{\alpha}$[8]可得覆盖范围的扇形半径为

$$r = \sqrt[\alpha]{P_t / (P_r \xi)} \quad (5.5)$$

其中，ξ 为路径损耗因子；α 为路径损耗指数；P_t 为发送端功率；P_r 为接收端功率。

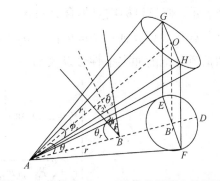

图 5.2　紫外光 NLOS 通信的投影立体图[10]

　　根据协议模型的规定，处于同一扇区的节点之间的通信会相互干扰，不同扇区的节点之间通信则互不干扰。在信道分配中，不同扇区的链路之间通信则可以使用相同的信道，同一扇区的链路之间通信必须使用不同的信道。图 5.3 为紫外光通信覆盖范围扇形区域图，其中，S 为源结点，A、B、C、D 分别为目的结点。当 S 与 C 和 D 同时进行通信时，其处于同一扇形区域内，因此要使用不同的信道；当 S 与 A 和 B 同时进行通信时，目的结点处于不同的扇形区域内，就可以使用同一信道。

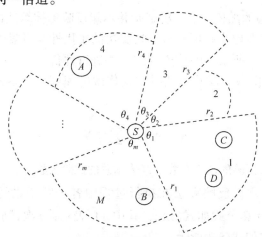

图 5.3　紫外光通信覆盖范围扇形区域图

　　基于上述分析，信道分配问题可描述为根据紫外光的散射特性，将节点的覆盖范围分为 M 个扇区，按逆时针方向排序后的集合表示为 $S = [1, 2, \cdots, M]$。每个扇区的覆盖范围如图 5.3 所示，第 i 个扇区的张角 $\theta_i (i \in [1, 2, \cdots, M])$ 和覆盖半径 r_i 可分别由式(5.4)和式(5.5)求得。用 β_i 表示第 i 个扇区沿逆时针方向旋转的起始方向角，规定第一个扇区的起始方向 $\beta_1 = 0$，则第 i 个扇区 s_i 可以用 (q_i, r_i, β_i)

来表示。假设目标结点集合 $P=[p_1,p_2,\cdots,p_l]$，s_i 表示第 i 个节点所在扇区，且每个节点只被划分到一个扇区内，a_{ij}^s 表示 i 节点与 j 节点所在扇区 s 的冲突情况。则信道分配的冲突条件可以表示为

$$
\begin{cases}
\theta_i = 2 \cdot \arctan\left(\dfrac{\tan\left(\dfrac{\phi_{ti}}{2}\right)}{\cos\theta_{ti}}\right) \\[2mm]
r_i = \sqrt[\alpha]{P_{ti}^{th}/(P_{ri}\cdot\xi)} \\[2mm]
\beta_i = \beta_{i-1} + \theta_{i-1},(\beta_1 = 0) \\[2mm]
a_{ij}^s = \begin{cases} 1(s^i = s^j; i,j \in P; s^i, s^j \in S) \\ 0(s^i \neq s^j; i,j \in P; s^i, s^j \in S) \end{cases}
\end{cases} \tag{5.6}
$$

其中，$a_{ij}^s = 1$ 表示信道之间发生冲突，$a_{ij}^s = 0$ 表示信道之间无冲突；ϕ_{ti} 表示第 i 个节点的发散角；θ_{ti} 表示第 i 个节点的发送仰角；P_{ti}^{th} 表示第 i 个节点的发射功率；P_{ri} 表示第 i 各节点的接收功率门限值。

3. 性能指标

由于 PSO 算法的随机性，一次试验并不能反映整体算法的真实性能，需要通过多次试验取其平均才能更好地反映算法的实用性与可靠性。本章主要通过以下几个性能指标对所采用的信道分配算法进行评价。

(1) 平均迭代次数。反映算法寻找最优解的速度，用 ave_num 来表示，计算公式如下：

$$
\text{ave\_num} = \sum_{i=1}^{N} n_i / N \tag{5.7}
$$

其中，n_i 表示第 i 次试验的迭代次数；N 表示总的试验次数。

(2) 平均干扰度。反映算法在执行过程中各个粒子之间的干扰程度，用 ave_inf 来表示，计算公式如式(5.8)，其中 $\overline{\text{inf}_i}$ 表示第 i 次试验中各个粒子的平均干扰，计算公式如式(5.9)所示：

$$
\text{ave\_inf} = \sum_{i=1}^{N} \overline{\text{inf}_i} / N \tag{5.8}
$$

$$
\overline{\text{inf}_i} = \sum_{j=1}^{N_0} \text{inf}_j / N_0 \tag{5.9}
$$

其中，inf_j 表示第 j 个粒子的干扰度；N_0 表示粒子群数目；N 表示总的试验次数。

(3) 平均收敛时间。反映算法的收敛速度，用 $\overline{T}$ 来表示，计算公式如下：

$$\overline{T}=\sum_{i=1}^{N}t_i/N \tag{5.10}$$

其中，t_i 表示第 i 次试验时算法的收敛时间；N 表示总的试验次数。

5.1.3　CAM-PS 算法描述

粒子群算法是通过各个粒子的迭代找到最优解，在信道分配时，同样也是通过粒子的迭代找到合适的信道。本章所采用的 CAM-PS 算法流程图如图 5.4 所示，大体步骤可描述：首先通过初始化随机产生一群粒子，即多种信道分配方案；然后通过迭代产生新的粒子，粒子的迭代过程主要通过 Jump 函数(见图 5.5)实现，并根据给出的网络及干扰模型判断此粒子是否最优，干扰模型中冲突矩阵主要通过 Conflict 函数(见图 5.6)生成；最终通过约束条件的判断选择冲突度最小的粒子作为最佳信道分配方案。

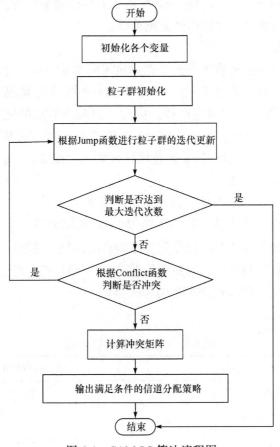

图 5.4　CAM-PS 算法流程图

　　基于粒子群的无线紫外光网络快速信道分配方法具体步骤如下。

　　步骤 1：初始化各个变量。假定信道数目是 K，粒子群数目为 N，网络拓扑为 G，它的邻域拓扑(冲突域为一跳)为 G_C，G 有 E 条边，并设定最大迭代次数阈值。根据假设条件，粒子群初始化为 $E \times N$ 的矩阵，而每个粒子根据信道数的范围初始化为 $E \times 1$ 的矩阵。这里产生的矩阵即为初始化的随机信道分配方式。

　　步骤 2：迭代更新(速度和位置的更新)。采用算法中的 Jump 函数进行粒子群速度和位置的更新。速度更新要根据实际情况进行选择，粒子要朝着比较适合信道的方向去选择。

　　步骤 3：判断是否达到最大迭代次数。如果是，转步骤 7；否则，转步骤 4。

　　步骤 4：根据 Conflict 函数判断是否冲突。若不满足，转步骤 5；若满足，记录当前的空间位置，迭代次数加 1，转步骤 2。

　　步骤 5：计算冲突矩阵。冲突度用标识矩阵来表示，每发生一次冲突，它对应的冲突度数就加 10，最终选择冲突度为 0 的信道分配方式作为最优选择。

　　步骤 6：输出满足条件的信道分配策略。

　　步骤 7：结束。

　　算法中采用 Jump 函数进行粒子群速度和位置的更新，规定速度的最大范围为 $[-2,2]$，假设信道数目 $K = 5$，速度更新要根据实际情况进行选择，粒子要朝着比较适合信道的方向去选择。例如，当两个节点的链路发生了冲突，即信道为 0 时，速度只能为 0、1 或 2；当信道为 1 时，速度可以取 -1、0、1 或 2，以此类推。表 5.1 为 Jump 函数跳转规则表，图 5.5 所示为 Jump 函数流程图，其具体算法步骤如下：

　　步骤 1：初始化各个参数，粒子群矩阵用 X 表示。

　　步骤 2：随机产生个体 $X(i,j)$ 范围为 0～K 的粒子群。

　　步骤 3：根据个体的取值选择其合适的跳转函数，跳转规则如表 5.1 所示。

　　步骤 4：根据跳转规则得到更新后的个体 $\text{new}X[i,j] = X[i,j] + \Delta v$，其中 Δv 为跳转速度，是根据跳转范围产生的随机整数。

　　步骤 5：结束。

表 5.1　Jump 函数跳转规则

个体 $X[i,j]$ 的取值	跳转范围
$0 < X[i,j] < 2$	$[-X(i,j),2]$
$2 < X[i,j] \leqslant K-2$	$[-2,2]$
$K-2 < X[i,j] \leqslant 2$	$[-2, K-X(i,j)]$

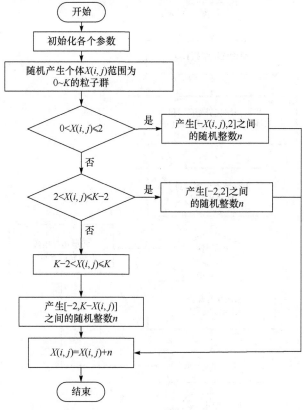

图 5.5 Jump 函数流程图

算法中冲突域的判断采用 Conflict 函数，约束条件主要是信道发生的冲突情况，防止产生同道干扰和邻道干扰，主要通过冲突邻域拓扑矩阵 G_C 来判断。Conflict 函数流程图如图 5.6 所示。

步骤 1：根据网络拓扑 G 得到邻域拓扑矩阵 G_C 和链路矩阵 Link。

步骤 2：根据节点位置计算节点之间夹角信息 θ。

步骤 3：假设规定的干扰角度为 θ_0，如果夹角 $\theta(i,j)$ 在干扰范围之内 $(\theta(i,j) < \theta_0)$，邻域拓扑矩阵相应位置置 1 $(G_C(i,j)=1)$；否则置 0 $(G_C(i,j)=0)$。

步骤 4：生成冲突矩阵。

步骤 5：结束。

5.1.4 仿真结果与分析

本章主要采用 Matlab 软件平台实现文中所提算法。网络模型中节点的覆盖范围采用等分方式，对于给定的网络拓扑，其中节点个数为 5，链路条数为 7，节点位置坐标已明确给出。假设信道数目为 K，粒子群数目为 N，最大迭代次

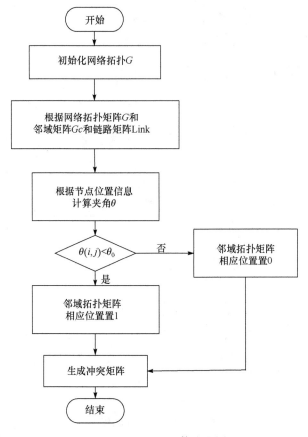

图 5.6　Conflict 函数流程图

数阈值为 100。当给定迭代次数阈值时，由于粒子群算法的随机性，在给定的阈值内并不一定都能找到最优解，即信道分配在 100 次迭代内存在一定的失败概率。经统计，当信道数目 $K=3$ 时，失败概率大约为 0.51；当 $K=4\sim6$ 时，失败概率仅仅为 0.01 或接近于 0。下面分别给出了算法的平均迭代次数、粒子的平均干扰度以及算法的平均收敛时间随粒子群数目的变化曲线。图中数据均是以 100 次试验取其平均得到的结果。

1) CAM-PS 算法在 WMN 和无线紫外光网络中的性能比较

图 5.7(a) 为 CAM-PS 算法的平均迭代次数随粒子群数目的变化曲线，图 5.7(b) 为粒子的平均干扰度随粒子群数目的变化曲线。从图中可以看出：①无论是对于 WMN 还是无线紫外光网络，随着粒子群数目的增大，平均迭代次数和平均干扰度均呈下降趋势，并且当粒子群数目达到一定数量时，平均迭代次数和平均干扰度都将趋于平缓；②当粒子群数目一定时，无线紫外光网络的平均迭代次数和平均干扰度均小于 WMN。因为在 WMN 中，干扰是具有全向性的，即 θ 较大，相

当于 360°；而在无线紫外光网络中，其覆盖范围为扇形区域，即 θ 较小；WMN 在信道分配时，冲突矩阵的条件更严格，因此将此算法应用于在与角度相关的无线紫外光网络中的收敛效果更好，具有收敛速度快、冲突度小的优势，保障了无线紫外光网络信道分配的快速性和准确性。

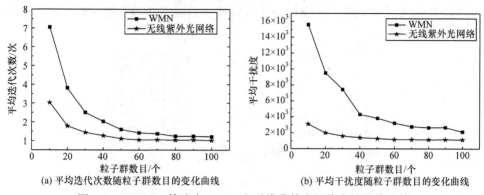

(a) 平均迭代次数随粒子群数目的变化曲线　　(b) 平均干扰度随粒子群数目的变化曲线

图 5.7　CAM-PS 算法在 WMN 和无线紫外光网络中的性能比较

2) CAM-PS 算法性能指标分析

图 5.8 为无线紫外光网络中信道分配性能指标变化曲线，其中图 5.8(a)为算法的平均迭代次数随粒子群数目的变化曲线，图 5.8(b)为粒子的平均干扰度随粒子群数目的变化曲线。从图中可以看出：①当信道数目 K 和扇形覆盖范围的角度 θ 固定时，随着粒子群数目的增大，平均迭代次数和平均干扰度都逐渐减小，并且当粒子群数目达到一定数量时，迭代次数和干扰度都将趋于平缓；②当粒子群数目固定时，随着信道数目的增加，平均迭代次数和平均干扰度也逐渐减小。这是因为当粒子群数目增大时，可供选择的信道方法数目就增大，所以更容易获得合适的信道选择方案；③当可用信道数目一定时，随着角度 θ 的减小，平均迭代次数和平均干扰度逐渐减小。这是由于随着 θ 的减小，节点覆盖范围的扇形区域逐渐减小，不易对周围节点造成影响，此时平均迭代次数和平均干扰度都将减小。

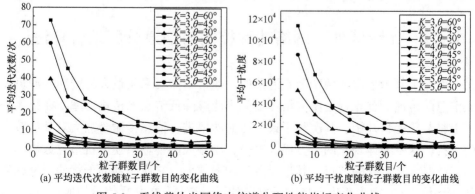

(a) 平均迭代次数随粒子群数目的变化曲线　　(b) 平均干扰度随粒子群数目的变化曲线

图 5.8　无线紫外光网络中信道分配性能指标变化曲线

　　图 5.9 为算法的平均收敛时间随粒子群数目的变化曲线。图中数据是在主频为 3GHz 的台式机上测得的。可以看出：①当信道数目固定时，随着粒子群数目的变化，算法的平均收敛时间基本保持一致。这是由于随着粒子群数目的增加，相应的迭代次数也减少；②当粒子群数目一定时，随着信道数目的增加，平均收敛时间明显下降；③当可用信道数目一定时，随着角度 θ 的减小，平均收敛时间也减小。

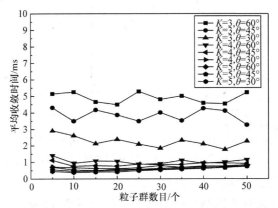

图 5.9　平均收敛时间随粒子群数目的变化曲线

　　本节针对无线紫外光散射通信中 NLOS 传输的特点和信道干扰模型，采用基于粒子群的无线紫外光网络快速信道分配方法，充分考虑空间角度对信道冲突矩阵的影响，实现了一种定向、快速的信道分配新方法。仿真结果表明，对于无线紫外光网络的信道分配，平均迭代次数和平均干扰度均随着粒子群数目的增加而逐渐减小，并将趋于基本不变；信道分配算法的平均收敛时间与信道数目和扇形覆盖范围角度有着密切的关系，根据不同的网络拓扑，选择合适的信道数目和角度，能更好地降低算法的收敛时间，提高收敛速度；在相同的参数条件下，无线紫外光网络的迭代次数和干扰度都优于 WMN。

5.2　无线紫外光网络功率控制与信道分配结合算法

　　网络中互为近邻的两个节点通信时，通常不需要采用最大传输功率即可完成消息的传递。首先近距离网络传输如果能够降低节点的传输功率，在很大程度上将节约能量开销。其次利用最大传输功率进行消息传输会加大对其他节点的干扰，这主要体现在两个方面。第一，功率大的传输会使干扰节点数增加；第二，对于被干扰的节点，其他节点的功率越大，它所受到的干扰信号也就越强。干扰的存在很大程度上影响了网络的吞吐容量。在共享信道的通信方式下，被干扰的节点将无法发送消息，因此干扰会降低网络吞吐量。本节针对这个问题引入了功率控制，可以通过调整节点的发射功率来减少能量损失，实现网络性能的优化，这是实现无线网络拓扑控制最主要的手段之一。

文献[11]针对无线紫外光网络的连通度问题，分别讨论了节点密度、发射功率和通信速率等因素对网络连通度的影响。但是文中只涉及理论公式的计算，并没有明确说明如何进行动态的功率选择。文献[12]研究了一种动态分布式传感器网络功率控制方法，验证了通过功率控制可以有效地增大网络容量。除此之外，功率控制还可应用于人工神经网络中[13]。

信道分配是对节点配置的各个射频设定工作信道，在保证网络连通的前提下实现信道的最大空间复用。文献[14]针对无线紫外光网络的特点，设计了一种基于粒子群的快速信道分配方法。为了保证网络的连通性，节点统一采用较大级别的发射功率，并没有考虑能源的消耗问题。在 WMN 中，多跳多信道问题已经得到了广泛研究，文献[15]对网络的最小化干扰和连通度问题进行了深入研究，并针对此问题提出了不同的信道分配策略来提高网络性能，但是文中给出的信道分配策略仅仅适用于自由空间光通信。为了提高网络的吞吐量，文献[16]采用了联合信道分配和路由策略。除此之外，文献[17]和[18]分别对多播信道分配方案和粒子群信道分配方案进行了相应研究。

上述文献中无论是针对 WMN 还是无线紫外光网络，都是单独考虑了功率控制或者信道分配问题对网络拓扑的影响。本章将功率控制与信道分配方法相结合，实现了一种基于功率控制的无线紫外光网络快速信道分配算法。在功率控制过程中考虑紫外光 NLOS 传输模型及角度对通信的影响，利用冲突矩阵选择合适的角度来减小功率、节约能源。信道分配过程中针对无线紫外光散射通信中 NLOS 传输特点和信道干扰模型，充分考虑空间角度对信道冲突矩阵的影响，实现了一种定向、快速的信道分配新方法。

5.2.1　无线紫外光通信接收光功率

1. 无线紫外光 LOS 通信接收光功率

根据光束的发送与接收角度的对应关系，无线紫外光 LOS 通信可以分为如图 5.10 所示[19]的三种类型。其中图 5.10(a)为窄发散角发送-窄视场角接收；图 5.10(b)为窄发散角发送-宽视场角接收；图 5.10(c)为宽发散角发送-宽视场角接收。

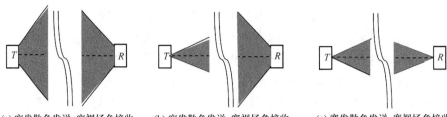

(a) 窄发散角发送-窄视场角接收　　(b) 窄发散角发送-宽视场角接收　　(c) 宽发散角发送-宽视场角接收

图 5.10　无线紫外光 LOS 通信

　　无线紫外光 LOS 链路的功率在大气自由空间中呈指数衰减。自由空间路径损耗与传输距离的平方成反比，可表示为 $\left(\dfrac{\lambda}{4\pi r}\right)^2$，大气指数衰减为 $\mathrm{e}^{-K_e r}$，探测器的接收增益为 $\dfrac{4\pi A_\mathrm{r}}{\lambda^2}$。综合考虑以上各因素，LOS 链路的接收光功率可按式(5.11)定义为

$$P_{\mathrm{r,LOS}} = P_\mathrm{t}\left(\frac{\lambda}{4\pi r}\right)^2 \mathrm{e}^{-K_e r}\frac{4\pi A_\mathrm{r}}{\lambda^2} \tag{5.11}$$

经过化简，可得

$$P_{\mathrm{r,LOS}} = P_\mathrm{t}\frac{A_\mathrm{r}}{4\pi r^2}\mathrm{e}^{-K_e r} \tag{5.12}$$

其中，P_t 为发射功率；A_r 为接收端孔径面积；λ 为光波长；r 为发送端与接收端之间的基线距离；K_e 为大气衰减系数，且 $K_e = K_s + K_a$，K_s 和 K_a 分别为大气散射系数和大气吸收系数，数值越大表明衰减作用越明显。

　　2. 无线紫外光 NLOS 通信接收光功率

　　无线紫外光 NLOS 通信根据发射光束发散角、接收视场角、发送接收仰角的不同，可以分为三类，如图 5.11 所示[20]。其中图 5.11(a)为全向发送-全向接收；图 5.11(b)为定向发送-全向接收；图 5.11(c)为定向发送-定向接收。表 5.2 给出了三种通信方式的性能比较。

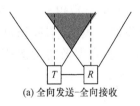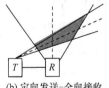

(a) 全向发送-全向接收　　　(b) 定向发送-全向接收　　　(c) 定向发送-定向接收

图 5.11　无线紫外光 NLOS 通信

表 5.2　紫外光通信不同配置方式的性能

工作方式	发散角/(°)	视场角/(°)	方向性	距离/km	交叠空间	通信宽带
LOS	—	—	无	2～10	—	最宽
NLOS(a)	90	90	最好	1	无限	最窄
NLOS(b)	<90	<90	较好	1.5～2	有限	较宽
NLOS(c)	<90	<90	差	2～5	有限	宽

图 5.12 所示为紫外光 NLOS 单次散射链路模型[20]。其中，T_x 为发送端，R_x 为接收端，ϕ_t 为发散角，θ_t 为发送仰角，ϕ_r 为视场角，θ_r 为接收仰角，V 为有效散射体，r 是发送端到接收端的基线距离，r_1 和 r_2 分别为发送端到有效散射体的距离和有效散射体到接收端的距离。T_x 以 ϕ_t 和 θ_t 向空间发射光信号，光信号在有效散射体内散射后，R_x 以 ϕ_r 和 θ_r 进行光信号接收。

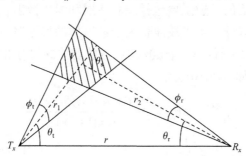

图 5.12　紫外光 NLOS 单次散射链路模型

如图 5.12 所示，可以把从发射端 T_x 到接收端 R_x 这一段 NLOS 链路看成由 r_1 和 r_2 组成的两段 LOS 链路。假定 NLOS 链路的初始发射功率为 P_t，定义发射立体角 $\Omega_T = 4\pi\sin^2(\theta_1/2)$，考虑到大气衰减和路径损耗，发射功率 P_t 经 r_1 传输后为 $\left(\dfrac{P_t}{\Omega_T}\right)\left(\dfrac{e^{-K_e r_1}}{r_1^2}\right)$。在 r_1 处的二级点光源也会受到有效散射体 V 中大气成分散射的影响，可表示为 $\dfrac{K_s}{4\pi}P_s V$，因此，经散射体散射之后的功率变为 $\left(\dfrac{P_t}{\Omega_T}\right)\left(\dfrac{e^{-K_e r_1}}{r_1^2}\right) \cdot \dfrac{K_s}{4\pi}P_s V$。从有效散射体到 R_x 可视为另一段 LOS 链路 r_2，r_2 中的衰减包括大气衰减 $e^{-K_e r_2}$ 和自由空间路径损耗 $\left(\dfrac{\lambda}{4\pi r_2}\right)^2$。综合以上过程，NLOS 链路在接收端的功率[21]为

$$P_{r,\text{NLOS}} = \left(\frac{P_t}{\Omega}\right)\left(\frac{e^{-K_e r_1}}{r_1^2}\right)\left(\frac{K_s}{4\pi}P_s V\right)\left(\frac{\lambda}{4\pi r_2}\right)^2 e^{-K_e r_2}\frac{4\pi A_r}{\lambda^2} \tag{5.13}$$

其中，λ 是紫外光波长；V 是有效散射体体积；Ω 是发送立体角。将 $\Omega = 2\pi[1-\cos(\phi_1/2)]$ [22]，$r_1 = r\sin\theta_2/\sin\theta_s$，$r_2 = r\sin\theta_1/\sin\theta_s$，$V \approx r_2\phi_2 d^2$ [23]代入式(5.13)化简之后：

$$P_{r,\text{NLOS}} = \frac{P_t A_r K_s P_s \phi_2 \phi_1^2 \sin(\theta_1+\theta_2)}{32\pi^3 r\sin(\theta_1)\left(1-\cos\dfrac{\phi_1}{2}\right)} e^{-\dfrac{K_e r(\sin\theta_1+\sin\theta_2)}{\sin(\theta_1+\theta_2)}} \tag{5.14}$$

其中，r 是通信基线距离；P_t 是发射功率；A_r 是接收孔径面积；K_e 是大气衰减系数，且 $K_e = K_a + K_s$，K_a 是大气吸收系数，K_s 是大气散射系数；P_s 是散射角 θ_s 的相函数。

无线紫外光通信的散射主要包括瑞利散射和米氏散射，两者通过波长与散射粒子尺寸的关系区分。当光波波长大于散射体的尺寸时，称为瑞利散射，散射相函数[24]如式(5.15)所示；当光波波长与散射体的尺寸相当时，称为米氏散射，散射相函数[24]如式(5.16)所示：

$$p^{\text{Ray}}(\cos\theta_s) = \frac{3[1+3\gamma+(1-\gamma)\cos^2\theta_s]}{16\pi(1+2\gamma)} \tag{5.15}$$

$$p^{\text{Mie}}(\cos\theta_s) = \frac{1-g^2}{4\pi}\left[\frac{1}{(1+g^2-2g\cos\theta_s)^{3/2}} + f\frac{0.5(3\cos^2\theta_s-1)}{(1+g^2)^{3/2}}\right] \tag{5.16}$$

其中，θ_s 是散射角；γ、g 和 f 是模型参数。

3. 功率控制性能指标

衡量算法和网络的性能指标有很多，本章采用以下几个指标进行描述。本章在固定不同网络容量的情况下采用功率损耗来衡量网络性能。衡量算法的性能指标有多种，如节点的平均功耗和路径损耗等。

(1) 节点的平均功耗：反映网络节点的能源消耗问题，用 $\overline{P}$ 表示，计算公式为

$$\overline{P} = \sum_{i=1}^{N} p_i / N \tag{5.17}$$

其中，p_i 表示每个节点的功耗；N 表示节点个数。

(2) 路径损耗：是指在发射器和接收器之间由传播环境引入的损耗的量，用 L 表示，计算公式为

$$L = P_t / P_r \tag{5.18}$$

其中，P_t 表示发射功率；P_r 表示接收功率。

5.2.2　PCCA 算法描述

本章所采用的无线紫外光网络功率控制和信道分配结合(power control and channel allocation，PCCA)算法，是在功率控制的基础上进行信道分配，从而在保障网络连通性的同时节约能源。PCCA 算法主函数流程图如图 5.13 所示。

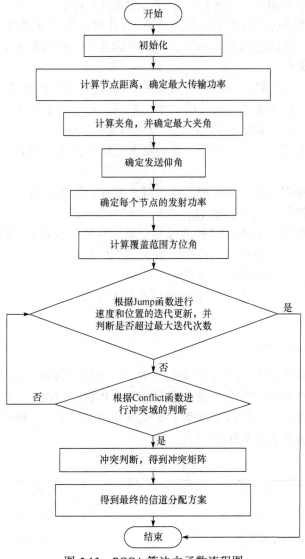

图 5.13　PCCA 算法主函数流程图

　　首先随机产生网络拓扑中的节点，根据节点的相对位置确定合适的发送仰角及发射功率。在此基础上进行信道分配，通过初始化随机产生一群粒子，即多种信道分配方案。然后根据给出的网络及干扰模型判断此粒子是否最优，干扰模型中冲突矩阵主要通过 Conflict 函数生成(见图 5.6)，并通过迭代产生新的粒子，粒子的迭代过程主要通过 Jump 函数实现(见图 5.5)。最后通过约束条件的判断选择冲突度最小的粒子作为最佳信道分配方案。

　　步骤 1：　初始化各个参数，在固定节点个数和业务量请求数目的前提下，随机产生节点坐标和业务量条数，生成初始拓扑矩阵。

　　步骤 2：　计算任意两个节点之间的距离，并确定每个节点的最大传输距离。

　　步骤 3：　计算任意两个节点与水平方向的夹角，并确定每个节点与周围节点之间的最大夹角。

　　步骤 4：　根据步骤 3 中得出的最大夹角，确定每个节点发送端的发送仰角。

　　步骤 5：　通过预先给定的接收功率门限值，并根据步骤 2 得出的每个节点的最大传输距离，由式(5.14)得出每个节点的发射功率。

　　步骤 6：　由式(5.4)计算每个节点的覆盖范围方位角，得到每个节点周围的角度信息。

　　步骤 7：　根据 Jump 函数进行粒子群速度和位置的更新，判断迭代次数是否超过阈值。若是，则转步骤 11；否则，转步骤 8。

　　步骤 8：　根据 Conflict 函数进行冲突域的判断。若满足，转步骤 9；不满足，记录当前的空间位置，迭代次数加 1，转步骤 7。

　　步骤 9：　生成最终的冲突矩阵。

　　步骤 10：由冲突矩阵得到最终的信道分配方案。

　　步骤 11：结束。

5.2.3　仿真结果与分析

　　本章 CAM-PS 算法仿真条件中拓扑的节点坐标和链路关系是给定的，本节中 PCCA 算法是在固定节点个数和业务量请求数目的前提下，随机产生节点坐标和业务量请求关系。网络模型和干扰模型见 5.1.2 小节，仿真过程中，系统模型参数的取值如表 5.3 所示[24]。

表 5.3　系统模型参数

参数	数值
接收孔径面积 A_{r} /m^{-2}	1.77×10^{-4}
大气吸收系数 K_{a} /m^{-1}	0.802×10^{-3}
米氏散射系数 $K_{\mathrm{s}}^{\mathrm{Mie}}$ /m^{-1}	0.284×10^{-3}

续表

参数	数值
瑞利散射系数 K_s^{Ray} /m^{-1}	0.266×10^{-3}
瑞利相函数散射参数 γ	0.017
米氏散射相函数不对称参数 g	0.72
米氏散射相函数不对称参数 f	0.5

1) PCCA 算法与 CAM-PS 算法功率消耗性能对比

由于紫外光发射功率受限，为了保证网络的连通性，本章设计 CAM-PS 算法时，节点统一取最大发射功率，没有考虑紫外光的功率节省问题。本节针对紫外光发射功率受限的问题，实现了 PCCA 算法，根据不同的发送仰角对节点的发射功率进行了等级控制，在保证合理信道分配的同时节省资源。

图 5.14 所示为算法的性能参数随拓扑场景大小的变化曲线，其中图 5.14(a)为平均节点功耗的变化曲线，图 5.14(b)为路径损耗的变化曲线。仿真参数 θ_t、ϕ_t、θ_r 都固定为 30°，接收端灵敏度为 $P_r = 1 \times 10^{-12}$。从图 5.14 中可以看出：①当节点个数 N、信道数目 K 以及业务量请求数目 Q 固定时，随着网络拓扑场景的增大，平均节点功耗和路径损耗都增大。这是由于随着场景的增大，节点变得稀疏，每个节点要达到的最大距离增大；②当网络拓扑场景固定时，随着节点个数以及业务请求个数目的增加，平均节点功耗和路径损耗增大。由此可以得出，平均节点功耗与网络拓扑的大小以及业务量的请求有着密切的关系；③当网络拓扑场景节点个数 N、信道数目 K 以及业务量请求数目 Q 固定时，PCCA 算法与 CAM-PS 算法相比，平均节点功耗和路径损耗明显降低。当 $N=5$，$K=5$，$Q=10$ 时，经过计算可知，PCCA 算法可以节省平均节点功耗 14%～22%，减小路径损耗 1～2dB。

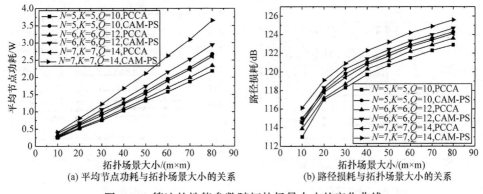

(a) 平均节点功耗与拓扑场景大小的关系　　(b) 路径损耗与拓扑场景大小的关系

图 5.14　算法的性能参数随拓扑场景大小的变化曲线

图 5.15 所示为算法的性能参数随节点个数的变化曲线，其中图 5.15(a)为平

均节点功耗的变化曲线，图 5.15(b)为路径损耗的变化曲线。仿真参数 θ_t、ϕ_t、θ_r 都固定为 30°，接收端灵敏度为 $P_r = 1 \times 10^{-12}$，信道数目 K=5，业务量请求 Q=10。从图中可以看出：①当拓扑场景大小固定时，随着节点个数的增大，平均节点功耗和路径损耗的变化趋势不明显。这是由于当网络拓扑场景固定时，每个节点所要达到的最大传输距离不变；②当节点个数固定时，随着场景的增大，平均节点功耗和路径损耗增大；③当采用相同的仿真参数时，PCCA 算法与 CAM-PS 算法相比，平均节点功耗和路径损耗明显降低。例如，当场景大小固定为 10m×10m 时，PCCA 算法可以节省平均节点功耗 14%～29%，减小路径损耗 0.7～1.6dB。

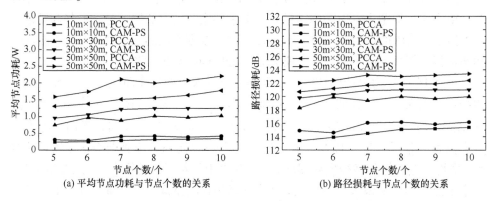

(a) 平均节点功耗与节点个数的关系　　　　　　(b) 路径损耗与节点个数的关系

图 5.15　算法的性能参数随节点个数的变化曲线

图 5.16 所示为算法的性能参数随发散角的变化曲线，其中图 5.16(a)为平均节点功耗的变化曲线，图 5.16(b)为路径损耗的变化曲线。仿真参数 θ_t、θ_r 都固定为 30°，拓扑场景大小为 30m×30m。从图中可以看出：①当 N、K、Q 固定时，随着发散角的增大，平均节点功耗和路径损耗基本不变，说明发散角对平

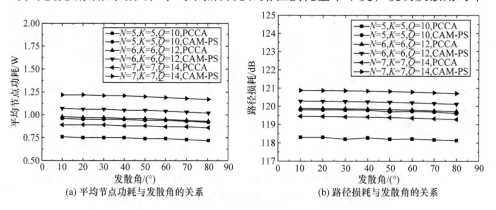

(a) 平均节点功耗与发散角的关系　　　　　　(b) 路径损耗与发散角的关系

图 5.16　算法的性能参数随发散角的变化曲线

均节点功耗和路径损耗的影响不大；②当发散角一定时，随着 N 和 Q 的增大，平均节点功耗和路径损耗增大；③当其他参数固定时，较 CAM-PS 算法而言，PCCA 算法的平均节点功耗和路径损耗明显降低。特别是当 $N=7$，$K=7$，$Q=14$ 时，PCCA 算法可以节省平均节点功耗约 27%，减小路径损耗约 1.44dB。

　　综上所述，PCCA 算法通过对网络中各个节点的功率控制，无论是对于平均节点功耗，还是路径损耗都有了明显的提升，在满足网络连通性的同时，达到了节省能源的目的。

　　2) PCCA 算法在无线紫外光网络和 WMN 中的性能对比

　　网络通信中的干扰是不可避免的。在 WMN 中，其干扰具有全向性；而在无线紫外光网络中，干扰是与角度相关的扇形覆盖区域，因此将 PCCA 算法应用于无线紫外光网络中具有重大意义，可以有效减小干扰，提高网络性能。

　　图 5.17 为 PCCA 算法在 WMN 和无线紫外光网络中的性能比较，其中图 5.17(a)为算法的平均迭代次数随业务请求量的变化曲线，图 5.17(b)为粒子的平均干扰度随业务请求量的变化曲线，图 5.17(c)为算法的收敛时间随业务请求量的变化曲线。其中仿真参数 θ_t、ϕ_t、θ_r 均为 30°，网络拓扑大小为 30m×30m。

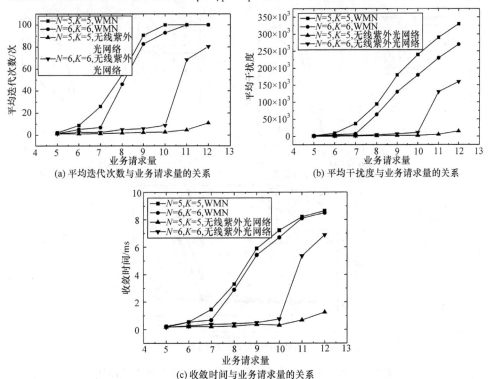

(a) 平均迭代次数与业务请求量的关系　　　　　(b) 平均干扰度与业务请求量的关系

(c) 收敛时间与业务请求量的关系

图 5.17　PCCA 算法在 WMN 和无线紫外光网络中的性能比较

从图中可以看出：①无论是对于 WMN 还是无线紫外光网络，当 N、K 固定时，随着业务请求量的增大，算法的平均迭代次数、平均干扰度以及收敛时间都呈上升趋势；②当业务请求量一定时，对于上述提到的算法的性能指标来说，无线紫外光网络的性能均优于 WMN。

3) PCCA 算法性能分析

图 5.18 为 PCCA 算法的性能指标随业务请求量的变化曲线，其中图 5.18(a)为算法的平均迭代次数随业务量的变化曲线，图 5.18(b)为粒子的平均干扰度随业务请求量的变化曲线，图 5.18(c)为收敛时间随业务请求量的变化曲线。仿真参数的选取与图 5.17 相同。从图中可以看出：①当 N、K 一定时，随着网络中业务请求量的增大，平均迭代次数、平均干扰度以及收敛时间都增大；②当 N 和业务请求量 Q 一定时，随着信道数目的增加，平均迭代次数、平均干扰度以及收敛时间都减小；③当节点个数 $N=5$ 时，曲线的变化比较平缓；当 $N=6$ 时，业务请求量在 $Q>10$ 时变化比较快。这是由于节点数目增大，业务请求量在 $Q>10$ 时网络容量已基本达到饱和，如果增加业务请求量，迭代次数等性能指标会急剧上升。

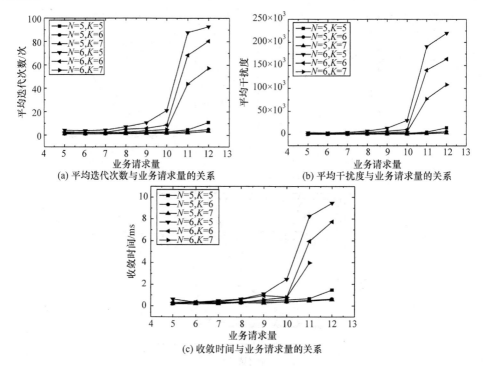

图 5.18　PCCA 算法的性能指标随业务请求量的变化曲线

图 5.19 为 PCCA 算法的性能指标随发散角的变化曲线，其中图 5.19(a)为

算法的平均迭代次数随发散角的变化曲线，图 5.19(b)为粒子的平均干扰度随发散角的变化曲线，图 5.19(c)为收敛时间随发散角的变化曲线。仿真参数为 θ_t、ϕ_t、θ_r 均为 30°，网络拓扑大小为 30m×30m，节点个数 N =5。①从图 5.19(a) 和(b)中可以看出，随着发散角的增大，平均迭代次数和平均干扰度呈阶段性增大趋势，说明了网络拓扑中的节点主要分布在发散角为 10°～20° 和 60°～70°，而在其他角度范围内分布比较稀疏；②图 5.19(c)为算法的收敛时间随发散角的变化曲线，此平均收敛时间的数据是在主频为 3GHz 的台式机上测得，由图中可以看出，随着发散角的增大，收敛时间呈增大趋势。由于粒子群算法的随机性以及相应的硬件性能，导致收敛时间的变化具有一定的不稳定性，但大体趋势是呈规律性变化的。

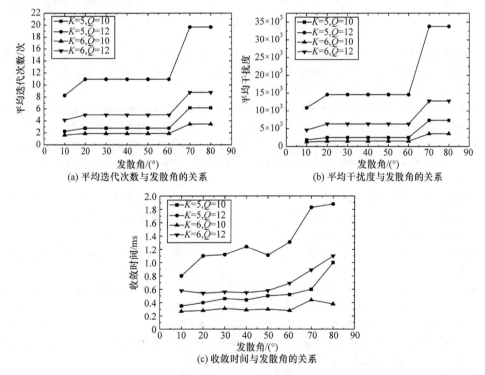

图 5.19　PCCA 算法的性能指标随发散角的变化曲线

本章在采用 CAM-PS 算法的基础上，将功率控制与信道分配方法相结合，实现了一种基于功率控制的无线紫外光网络快速信道分配算法，即 PCCA 算法。在功率控制过程中考虑紫外光 NLOS 传输模型及角度对通信的影响，通过冲突矩阵选择合适的角度来减小功率、节约能源。信道分配过程中针对无线紫外光散射通信中 NLOS 传输特点和信道干扰模型，充分考虑空间角度对信道冲突矩阵的影响，实现了一种定向、快速的信道分配新方法。在数据的仿真分析中，首先将 CAM-PS 算法与 PCCA 算法进行了对比，结果表明，PCCA 算法在节省功率和路径损耗方面的性能明显优于 CAM-PS 算法。然后将 PCCA 算法分别应用在无线紫外光网络和 WMN 中，并对算法自身的性能指标进行了仿真和分析。结果表明，算法自身的性能指标与网络的业务请求量和发散角有着密切的关系，通过调节发散角和控制网络的业务请求量，可以达到优化算法性能指标的目的。由于紫外光通信与角度有密切关系，所以将 PCCA 算法应用于无线紫外光网络的性能要明显优于 WMN。综上所述，PCCA 算法与 CAM-PS 算法相比，既能节约能源，又具有收敛速度快、冲突度小的优势，保障了无线紫外光网络信道分配的快速性和准确性。

参 考 文 献

[1] FERNANDEZ-MARTINEZ J L, GARCIA-GONZALO E. Stochastic stability analysis of the linear continuous and discrete PSO models[J]. IEEE Transactions on Evolutionary Computation, 2011, 15(3):405-423.

[2] TAN L T, LE L B. Channel assignment with access contention resolution for cognitive radio networks[J]. IEEE Transactions on Vehicular Technology, 2012, 61(6):2808-2823.

[3] WANG H T, ZOU Y. Channel assignment and routing scheduling in wireless mesh networks[C]. 2011 Fourth International Conference on Intelligent Computation Technology and Automation, Shenzhen, 2011: 1074-1077.

[4] ZHUANG X F, CHENG H J, XIONG N X, et al. Channel assignment in multi-radio wireless networks based on PSO algorithm[C].International Conference on Future Information Technology. IEEE, Changzhou, 2010:1-6.

[5] 张旭, 殷昌盛, 熊辉, 等. 无线 Mesh 网络中基于离散粒子群优化的信道分配算法[J]. 现代电子技术, 2013, 36(8):39-42.

[6] ZHAO T, CAO J, YU H, et al. Optimal capacity assignment for p-cycle in survivable optical mesh networks[J]. Optical Engineering, 2006, 45(12):1269-1278.

[7] KENNEDY J, EBERHART R C. A discrete binary version of the particle swarm algorithm[C]. 1997 IEEE International Conference on Systems, Man, and Cybernetics, Computational Cybernetics and Simulation, Orlando, 1997, 5: 4104-4108.

[8] 杨红孺, 高洪元, 庞伟正, 等. 基于离散粒子群优化算法的多用户检测[J]. 哈尔滨工业大学报, 2005, 37(9): 1303-1306.

[9] 赵太飞, 李乐民, 虞红芳. 工作容量约束下光网络 p 圈空闲容量分配算法[J]. 光电子激光, 2006, 17 (9): 1086-1091.

[10] 赵太飞, 冯艳玲, 柯熙政,等. "日盲"紫外光通信网络中节点覆盖范围研究[J]. 光学学报, 2010, 30(8):2229-2235.

[11] VAVOULAS A, SANDALIDIS H, VAROUTAS D,et al. Connectivity issues for ultraviolet UV-C networks[J]. IEEE/OSA Journal of Optical Communications & Networking, 2011,

3(3):199-205.

[12] MADHAVI S, TAI H K. A dynamic and distributed scheduling for data aggregation in ubiquitous sensor networks using power control[J]. International Journal of Distributed Sensor Networks, 2013, 80:718-720.

[13] ABDEL-KHALIK A, ELSEROUGI A, MASSOUD A, et al. A power control strategy for flywheel doubly-fed induction machine storage system using artificial neural network[J]. Electric Power Systems Research, 2013, 96:267-276.

[14] ZHAO T F, LI Q, WANG Y D, et al. Fast channel allocation method in wireless ultraviolet network based on particle swarm[J]. Acta Optica Sinica, 2014, 34(1): 0106002.

[15] CRICHIGNO J, WU M Y, SHU W. Protocols and architectures for channel assignment in wireless mesh networks[J]. Ad Hoc Networks, 2008, 6(7): 1051-1077.

[16] YIN C, YANG R, WU D. Joint multi-channel assignment and routing in wireless mesh network[C]. 2016 17th IEEE/ACIS International Conference on Software Engineering, Artificial Intelligence, Networking and Parallel/Distributed Computing (SNPD), Shanghai, 2016: 261-265.

[17] SINGH A, SINGH K, SHARMA S, et al. Capacity based multicast channel assignment in wireless mesh network[J]. Communications & Network, 2013, 5(3C):671-677.

[18] 赵太飞, 李琼, 王一丹, 等. 基于粒子群的无线紫外光网络快速信道分配方法[J]. 光学学报, 2014, 34(1): 41-47.

[19] XU Z, SADLER B M. Ultraviolet communications: Potential and state-of-the-art[J]. Communications Magazine IEEE, 2008, 46(5):67-73.

[20] SHAW G A, SIEGEL A M, MODEL J, et al. Recent progress in short-range ultraviolet communication[J]. Proceedings of SPIE-The International Society for Optical Engineering, 2005, 5796: 214-225.

[21] XU Z. Approximate performance analysis of wireless ultraviolet links[C]. IEEE International Conference on Acoustics, Speech and Signal Processing-ICASSP '07, Honolulu, 2007: 577-580.

[22] GAGLIARDI R M, KARP S. Optical Communications[M]. 2nd Edition. New York: John Wiley & Sons, 1995.

[23] SUNSTEIN D E. A scatter communications link at ultraviolet frequencies[D]. Cambridge: Massachusetts Institute of Technology, 1968.

[24] DING H, CHEN G, MAJUMDAR A K, et al. Modeling of non-line-of-sight ultraviolet scattering channels for communication[J]. IEEE Journal on Selected Areas in Communications, 2009, 27(9):1535-1544.

第6章 无线紫外光通信网络中区域覆盖方法

无线紫外光通过大气粒子散射实现 NLOS 通信，具有抗干扰能力强、保密性高等优势，但同时也存在通信距离短的不足。Ad hoc 网络是一种多跳的、无中心的、自组织的无线网络，无固定的基础设施，所有节点都是移动的，且都能动态地以任意方式保持与其余节点的通信。无线紫外光通信与 Ad hoc 网络各有其独特的通信优势，因此可将两者相结合使用，无线紫外光通信可借助 Ad hoc 网络的多跳传输性能扩大其通信范围，很好地弥补了无线紫外光通信传输距离有限的不足。在无线紫外 Ad hoc 网络的构建过程中，覆盖控制可有效地增强网络覆盖、降低网络部署成本、优化网络连通性。

6.1 无线紫外光通信与网络覆盖理论

本节主要介绍无线紫外光通信所涉及的基础理论和相关知识，包括无线紫外光通信原理及其分类、无线紫外光通信网络组网技术、网络覆盖的概念及分类和网络覆盖性能评价标准及参数等的介绍。

6.1.1 无线紫外光通信概述

无线紫外光通信是利用紫外线在大气中的散射来实现的。紫外光是位于日光高能区的不可见光线。由于波段为 200～280nm 的紫外光受到大气臭氧层的强烈吸收，在地球表面几乎可实现无干扰通信，故被称为"日盲区"且被很多人关注研究。在限定太阳辐射照度的国际标准草案中，紫外光谱的范围划分[1]如表 6.1 所示。

表 6.1 紫外光谱的范围划分

名称	缩写	波长范围/nm	光子能量/eV
长波紫外	UVA	400～315	3.1～3.94
中波紫外	UVB	315～280	3.94～4.43
短波紫外	UVC	280～100	4.43～12.4
近紫外	NUV	400～315	3.1～4.13
中紫外	MUV	315～200	4.13～6.2
远紫外	FUV	200～100	6.2～10.2
超紫外	EUV	100～10	10.3～124

　　无线紫外光通信的原理是发射装置发射出载有信息的紫外光束经由大气分子或气溶胶等微粒散射和吸收，最终被接收机装置探测接收，图 6.1 为紫外光通信的示意图[2]。由于紫外光传播的特殊性，紫外光通信不仅可实现 LOS 通信，也可实现 NLOS 通信。

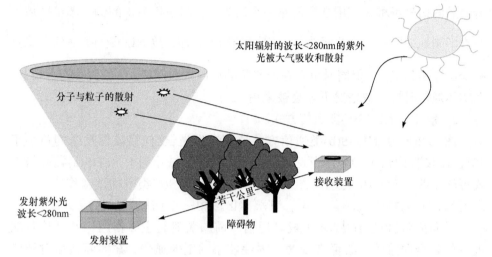

图 6.1　紫外光通信的示意图[2]

6.1.2　无线紫外光组网技术

1. 无线紫外光通信覆盖范围

　　紫外光通信时根据收发端是否需要对准可分为 LOS 和 NLOS 通信两种工作方式。其中 NLOS 通信又可根据收发仰角的不同分为 NLOS(a)类、NLOS(b)类和 NLOS(c)类，分别如图 6.2(a)~(c)所示。收发端选取不同的通信方式时所覆盖的范围不同，只有在彼此的覆盖范围内的节点间才能相互通信。三类紫外光 NLOS 通信方式的覆盖范围分析如下，对通信网络中区域覆盖方法研究均是以 NLOS 通信方式为研究对象。

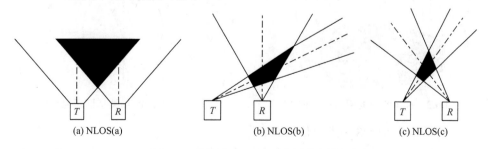

(a) NLOS(a)　　　　　(b) NLOS(b)　　　　　(c) NLOS(c)

图 6.2　紫外光 NLOS 三种通信方式

1) 紫外光 NLOS(a)类通信方式

如图 6.2(a)所示，发送仰角和接收仰角均为 90°时为 NLOS(a)类通信方式，也被称为全向发送-全向接收通信方式。如图 6.3 所示[3,4]，若发射端 A 的发射光束是发散角为 ϕ_1 的紫外光束，且其功率传输高度极限为 h，经大气粒子散射传输后的信号可覆盖范围在空间是一个高为 h，圆顶角为 ϕ_1 的倒立圆锥区域，经投影到地面则是一个半径为 $h\tan\left(\dfrac{\phi_1}{2}\right)$ 的圆形区域。故 NLOS(a)类通信方式具有全向通信的优点，但同时也存在着严重的后向散射问题，信号传输能力很差，在实际通信时极少数情况下才会被采用。

2) 紫外光 NLOS(b)类通信方式

图 6.2(b)为 NLOS(b)类通信方式，定向发送-全向接收即发送仰角小于90°，而接收仰角为 90°，当发送仰角由 90°逐渐减小时，NLOS(a)类通信方式可转变为 NLOS(b)类通信方式。图 6.4 为 NLOS(b)类平面覆盖图[4]，A 为发射端，光束接收现场角为 ϕ_2，其覆盖区域由一个前向散射区域 AEDFA 和一个后向散射区域 AGPHA 组成。通信时前向散射起主导作用，并且接收端进行的是全向接收，故可实现功率损耗较小的定向通信，在实际通信时被广泛采用。

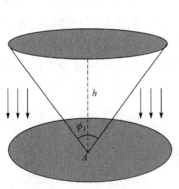

图 6.3　NLOS(a)类覆盖示意图[3,4]

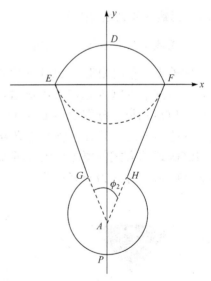

图 6.4　NLOS(b)类平面覆盖图[4]

3) 紫外光 NLOS(c)类通信方式

NLOS(c)通信方式如图 6.2(c)所示，采用的是定向发送-定向接收(发送仰角和接收仰角都小于 90°)。图 6.5 为其平面覆盖图[5]，发射端为 A，接收端为 B，与 NLOS(b)类通信方式的覆盖示意图相比多了 $BWDZB$ 区域。当 NLOS(b)类通信方式中的接收仰角慢慢减小时，NLOS(b)类通信可转换为 NLOS(c)类通信。NLOS(c)类通信也具有定向传播、节约能耗的特点，若其收发端的仰角都逐渐减小，小到一定程度后，可变为 LOS 通信。因此，紫外光的所有通信方式之间都可通过改变收发端的仰角来相互转换，选择合适的收发仰角极为重要。

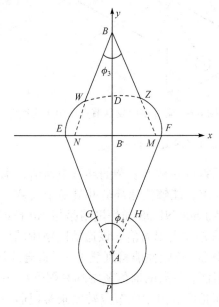

图 6.5 NLOS(c)类平面覆盖图[5]

2. 无线紫外光通信干扰模型

紫外光 NLOS(a)类通信方式中发射光束的前后向散射是一样的，故其覆盖范围是一个圆形区域，传输距离受限、带宽窄、延时大、信号严重失真，通信效果极差。但是紫外光 NLOS(c)类通信方式带宽大、延时小且覆盖有较强的方向性，通信性能和效果均较好。紫外光 NLOS(b)类通信方式既可以避免如 NLOS(a)类通信方式一样，将有限的功率浪费在空间的四面八方，也可以弥补 NLOS(c)类通信方式只能在固定的方向上接收信号的不足。因为紫外光通信具有较强的方向性，所以在利用紫外光进行组网通信时，必须优先考虑其发射方向和收发仰角的选取。

多点间相互通信时，如果节点的发射功率过大，相邻节点间的相互干扰便增大，很难从接收到的信号中获取有用信息；反之功率太小，接收端无法接收到信号。如果能为节点选择合适的功率和发射方向，则 A 便能与 B、E、F 进行通信，B 便能与 A、C、D 进行通信，图 6.6 为紫外多收发器节点通信示意图[6]。

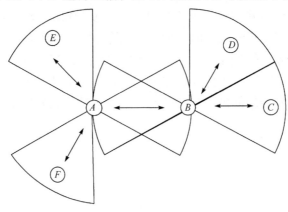

图 6.6　紫外多收发器节点通信示意图[6]

3. 无线紫外 Ad hoc NLOS 通信网络

无线紫外光通信网络可在地形复杂的环境中通信，也可以满足安全性强、移动灵活的现代通信需求，能够快速部署并且易于安装，进而满足了近距离通信的需求。无线紫外 Ad hoc NLOS 通信网络是指 Ad hoc 网络内所有的节点间使用紫外光 NLOS 通信方式实现通信。该通信网络中的所有节点都是平等的，不存在任何控制转发中心，抗毁性能特别显著，很适合应用于军事战场等领域。由于功率的路径损耗限制，节点的通信范围均有限[7,8]。不在通信范围内的节点无法相互直接通信，而是要经过中间节点转发来实现通信，如图 6.7 所示的虚线区域为节点的通信覆盖范围[9]，节点均采用的是 NLOS(b)类通信方式，并假设节点间均为单向通信。节点 B 在节点 A 的通信范围内，节点 A 可以发消息给

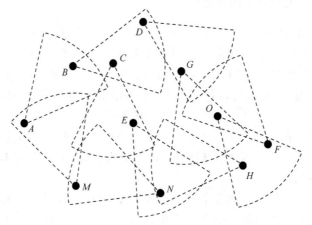

图 6.7　无线紫外 Ad hoc NLOS 通信网络

节点 B；而节点 A 不在节点 B 的通信覆盖范围内，因此节点 B 需借助节点 C、E、N 和 M 的帮助发消息给节点 A。若节点 O 不在节点 A 的通信范围内，则二者间无法直接进行通信，需通过节点 B、D 和 G 进行转发，实现节点 A 给节点 O 发信息的多跳通信，反之逆向通信时，则是节点 O 经由节点 H、N 和 M 最终完成与节点 A 的通信。因此，它与普通的 Ad hoc 网络相比具有保密性高、环境适应性强和全天候工作等紫外光通信特有的优点，同时也弥补了点到点紫外光通信存在的传输距离短的劣势。无线紫外 Ad hoc 网络有着很好的应用前景，可以实现军事、紧急场合和个人通信等应用解决方案，也能满足水下装备的近距离通信、航母直升机起降等情况的通信需求[6]。

6.1.3　网络覆盖理论

1. 网络覆盖的基本概念

在无线紫外 Ad hoc NLOS 通信网络中，由于节点功率、通信带宽及网络处理能力等受限，可通过网络节点位置的移动和合理的路径选择缓解上述问题并优化网络中资源的配置，改善通信服务质量，这一过程被称为覆盖控制[10]。网络中一个亟待解决的问题就是如何根据不同场合的通信应用需求对网络实现不同级别的覆盖控制。组建一个网络时，覆盖控制也可以理解为通过各个节点协同通信进而实现对既定目标区域的相应覆盖效果，完成相应的通信需求[11]。

为了探讨分析网络的覆盖问题，首先需要研究网络中节点的覆盖模型，合理可行的覆盖模型是必不可少的理论基础和重要手段。现有的覆盖模型可根据覆盖距离对覆盖质量的影响分为布尔覆盖模型(Boolean coverage model)[12,13]和概率覆盖模型(probabilistic coverage model)[14]。

布尔覆盖模型：又被称为 0-1 模型，此模型只有被覆盖和不被覆盖两种状态。假设节点 a 的覆盖半径为 R_a，那么在某点 z 处节点 a 的覆盖质量如式(6.1)所示。布尔覆盖模型忽略了 0 到 1 的递减过程，是一种理想化的模型。它在二维空间表现为一个圆盘，如图 6.8(a)，而在三维空间则是一个球体，如图 6.8(b)。

$$c(s) = \begin{cases} 1, & d(a,z) < R_a \\ 0, & d(a,z) > R_a \end{cases} \tag{6.1}$$

其中，$c(s)$ 表示点 a 是否可以覆盖点 z；$d(a,z)$ 表示为点 z 到点 a 之间的距离。

概率覆盖模型：使用该模型时，在覆盖区域内综合考虑目标与节点间的距离、周边的环境等多方面的因素，给出覆盖概率的函数。图 6.9 表示目标被感知的概率大小，距离节点越近，颜色越深，目标被覆盖的概率就越大。

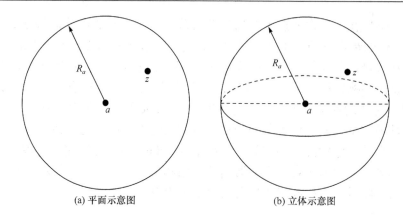

(a) 平面示意图　　　　　　　　　　　(b) 立体示意图

图 6.8　布尔覆盖模型

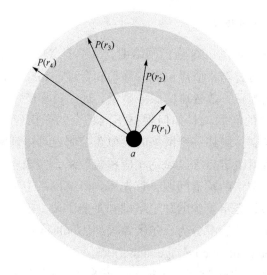

图 6.9　概率覆盖模型

由于定向网络的广泛应用,针对节点的覆盖范围是否为全向,全向覆盖模型 (omni-directional coverage model) 和有向覆盖模型 (directional coverage model)[15,16]先后被提出。

全向覆盖模型:节点的覆盖范围是一个以节点为圆心,半径为其覆盖距离 (由节点功率决定)的圆形区域,如图 6.10(a)所示。有向覆盖模型:如图 6.10(b) 节点的覆盖范围是一个以节点为圆心,其覆盖距离 R 为半径,覆盖角为 ϕ 的扇形区域。全向覆盖模型是有向覆盖模型在 $\phi = 2\pi$ 时的特例。

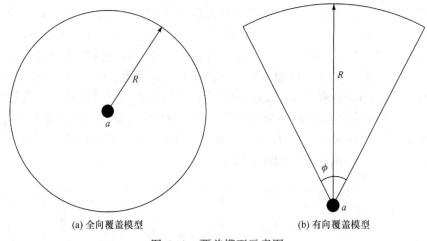

(a) 全向覆盖模型　　　　　　　　(b) 有向覆盖模型

图 6.10　覆盖模型示意图

2. 网络覆盖方法的分类

覆盖问题的起源可追溯到画廊问题(art gallery problem)[17]。不同应用场景对覆盖的解释和需求不一样，因此有大批学者对覆盖控制问题进行了深入研究，并提出了很多行之有效的解决措施，如虚拟势场法和图论法等。目前，大致可将覆盖问题分为三类：点覆盖、区域覆盖和栅栏覆盖[17,18]。

1) 点覆盖

点覆盖即目标物覆盖，其表现形式如图 6.11(a)所示，是对目标区域内的有限个离散目标进行处理，保证每个目标在任意时刻至少被网络中的一个或多个节点覆盖到，最终以尽可能少的节点完成既定的目标覆盖。若任意时刻目标区域内的任意一个目标至少被 k 个节点覆盖，则该网络为 k 覆盖网络。一般来说，点覆盖解决的是网络节点的静态部署问题。

2) 区域覆盖

区域覆盖(地毯式覆盖)指的是以某个区域为对象实现对整个区域的处理，保证该目标区域内的任意一点至少被一个节点所覆盖到，最终的目的是优化网络，使其盲区出现的概率尽可能小，节点的冗余度也尽可能小。图 6.11(b)给出了区域覆盖的具体实现方式，其理论目标是覆盖目标区域的所有点，但该目标在实现过程中被简化为最大化覆盖区域的覆盖率。例如，点覆盖在目标区域的离散目标点的数量很大时，需要部署很多的节点才能将其全部覆盖，这种情况下点覆盖问题可近似转化为区域覆盖问题。点覆盖与区域覆盖在原理和方法上相差不大，主要区别在于区域覆盖需了解整个目标区域的形状。

3) 栅栏覆盖

栅栏覆盖又名掠过式覆盖，主要用于监测穿越栅栏的目标或者是避开现有的监测寻找出一条不被监测到的路径穿越既定区域，具体如图 6.11(c)中所示。
要实现高效、安全的栅栏覆盖需考虑两个问题，一是目标自身是否被覆盖检测；
二是目标穿越既定区域的路线是否是最佳路径，是否存在继续优化的可能性。
由于目标穿越既定区域的模型不同，可将其分为最佳覆盖(best coverage)、最坏
覆盖(worst coverage)和暴露(exposure)[19,20]。最佳覆盖是以目标监测覆盖最大为
目标，寻找最佳覆盖时的网络节点部署方案；最坏覆盖则是寻找一条最安全(被
检测到的概率最小)的路线穿越既定区域；暴露穿越指目标穿越既定区域时，目
标暴露的时间与被覆盖程度的部署方案。

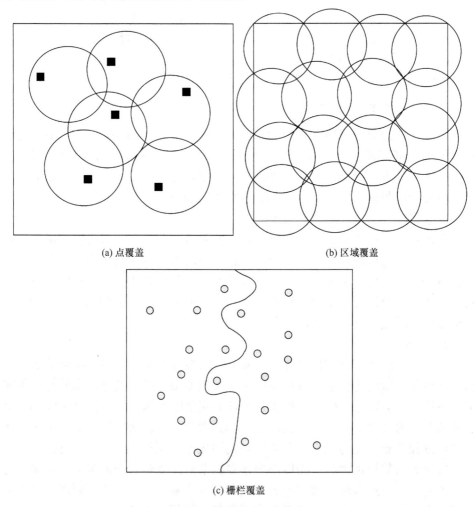

(a) 点覆盖　　　　　　　　　　　　　　　　(b) 区域覆盖

(c) 栅栏覆盖

图 6.11　典型的三种覆盖方式

根据网络节点的不同部署方式，又可将网络覆盖问题分为确定性覆盖和随

机性覆盖两类[21]。

1) 确定性覆盖

确定性覆盖研究的是在状态相对固定或环境已知的网络中，根据网络拓扑配置或者删除节点。它的研究对象一般都是静态网络，网络中常采用的节点部署方式为均匀分布或加权分布。基于网格的目标覆盖、确定性点/区域覆盖和确定性网络路径/目标覆盖是三种典型的确定性覆盖。

2) 随机性覆盖

在危险复杂的环境(战争、森林和火险等)中，无法预知网络的具体情况，此时确定性覆盖很难发挥作用。随机性覆盖通过随机投放不定数量的节点到目标区域。该方法适用于手工部署无法实现的情况，具有价格低、简单易行等优点，但是存在节点部署密度不均匀、易出现盲区等问题。目前，紫外光网络的随机性覆盖已成为紫外光网络覆盖控制的一个热点问题，此类问题大致可分为随机节点覆盖和动态网络覆盖两类。

3. 网络覆盖问题评价标准

覆盖控制的目的是提高网络的通信质量，覆盖控制算法对紫外光网络覆盖问题的优化程度主要从以下几个方面来评价。

(1) 覆盖率与连通性。为表示网络中节点间的连通程度，k 连通的概念被提出并广泛应用。k 连通表示网络中的任意一个节点至少和网络中的 k 个节点相连或可直接通信；而 k 覆盖表示任意一个目标至少被网络中的 k 个节点所覆盖。在大多数情况下覆盖盲区对网络整体性能的影响较小，而通信链路的中断对网络的性能造成的损失较为严重，因此网络多需满足 2 连通，1 覆盖的要求。某些特殊的情况下，需根据通信的需求搭建满足相应性能的网络。

(2) 算法精确度。覆盖控制算法是一种完全 NP 问题，需综合考虑覆盖特性、实际部署需求和网络资源等因素，最终得到近似解。若求解过程中误差过大，不仅会使算法自身有问题，也无法获得正确的解。覆盖控制算法中的一个重要过程就是降低误差，增加算法的精确度。因此，误差是判断覆盖控制算法的一个重要因素。

(3) 网络寿命。由于节点自身能量的限制，如何延长某些网络的寿命也是一个常见但难解决的问题。采用什么样的措施可以尽可能有效地利用节点的能源延长网络的工作寿命也是紫外光网络待解决的问题，因此能量合理的使用也是网络构建过程中需重点考虑的因素之一[22,23]。

(4) 算法复杂性。解决方法的多样化导致覆盖算法的千变万化，不同覆盖算法的时间复杂度、空间复杂度差异很大。合理的算法复杂度是评价该覆盖控制算法是否有效的首要指标。

4. 网络覆盖的性能参数

覆盖率是指所有节点覆盖总和与整个图片目标区域(region of interest, ROI)的比率,即所有节点覆盖范围的并集和所有节点覆盖区域的总和的比率。该比率通常是网络服务质量和节点的感知范围的利用率度量,由 C_{ov} 表示:

$$C_{ov} = \frac{N_{cov}}{TN} \tag{6.2}$$

其中, C_{ov} 表示覆盖率; N_{cov} 表示已被覆盖的子区域的数量;TN 表示 ROI 中的子区域总个数。

部署成本是指网络部署完成后需要的总价, D_C 表示的部署成本是指在实现网络之后所需的成本,可以表示为

$$D_C = \sum_{i=1}^{TN} c_i \tag{6.3}$$

其中, c_i 和 TN 分别表示第 i 个节点的成本和 ROI 中的子区域总个数。

平均收敛时间反映算法的执行速度(即计算机耗时),由 $\bar{T}$ 表示:

$$\bar{T} = \sum_{a=1}^{N'} \frac{t_a}{N'} \tag{6.4}$$

其中, t_a 表示第 a 次测试的收敛时间; N' 表示程序的运行次数。

6.2　基于遗传算法的分等级区域覆盖优化算法

6.2.1　模型搭建

1. 紫外光网络模型

本节主要讨论平面上无线紫外 Ad hoc 网络中网络覆盖和网络成本优化等问题,提出基于遗传算法的分级区域覆盖优化算法(graded area coverage optimization algorithm, GACOA)。考虑角度对通信的影响,通过邻居节点的相对位置选择合适的通信角度以提高覆盖率,同时也讨论了节点在 ROI 的不同位置时完成网络的部署所需的成本。最终结合覆盖率和部署成本的影响,给出网络部署的最佳方案。

无线紫外 Ad hoc 网络中,节点均采用 NLOS 通信方式,发射机 T_x 和接收机 R_x 间典型的无线紫外光 NLOS(b)类通信方式的覆盖图如图 6.12 所示。信源

或发射机位于点 T_x，检测器或接收机位于点 R_x。其中 θ_1 为发送仰角，ϕ_1 为发散角，θ_2 为接收仰角，ϕ_2 为接收视场角，这些角度被定义为通信角度。d 是 R_x 和 T_x 之间的基线距离，并且收发端的相交(重叠)体积 V 到 T_x 和 R_x 的距离分别由 r_1 和 r_2 表示。对于 NLOS(b)模型，无线紫外 Ad hoc 网络中节点的覆盖范围半径[4]如式(6.5)所示：

$$R = \sqrt{(r \times \cos\theta_1)^2 + \left(r \times \sin\theta_1 + \frac{r \times \cos\theta_1 \cos\left(\dfrac{\phi_2}{2}\right)}{\cos\left(\theta_1 + \dfrac{\phi_2}{2}\right)} \right)^2} \qquad (6.5)$$

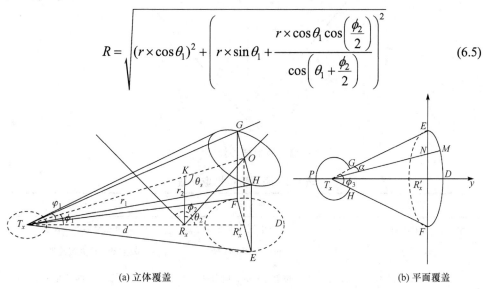

(a) 立体覆盖　　　　　　　　　　　　　(b) 平面覆盖

图 6.12　无线紫外光 NLOS(b)类通信方式的覆盖图[4]

2. 区域覆盖模型

如图 6.13 所示，扇形覆盖模型由 $\langle P, R, V(t), \phi \rangle$ 的表达式表示。P、R、$V(t)$ 和 ϕ 分别表示发射机的位置、通信范围的半径、覆盖方向的方向向量以及边界和覆盖方向向量之间的角度。在 $\phi = 2\pi$ 的状态下，连续可调取向的覆盖模型可转换成为传统的全向覆盖模型。在该模型中使用的参数如表 6.2 所示。

只要满足以下所有条件，任意 t 时刻点 P_1 将点 P 覆盖。

(1) $\|\overrightarrow{PP_1}\| \leqslant R$，其中 $\|\overrightarrow{PP_1}\|$ 表示目标节点和发射机之间的距离。

(2) $\overrightarrow{PP_1}$ 和 $\overrightarrow{V(t)}$ 之间的夹角在 $\phi/2$ 范围内。确定点 P_1 是否被覆盖的方法：如果 $\|\overrightarrow{PP_1}\| \leqslant R$ 和 $\overrightarrow{PP_1} * \overrightarrow{V(t)} \geqslant \|\overrightarrow{PP_1}\| * \cos\phi/2$ 均成立，则点 P_1 被发射机覆盖；反之，则点 P_1 不被覆盖。此外，如果在 t 时刻覆盖区域 A，则意味着在此时刻必须覆盖区域 A 中的每一个节点。

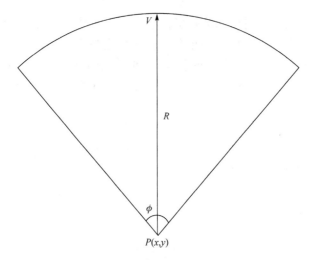

图 6.13 扇形覆盖模型示意图

表 6.2 扇形覆盖模型参数

符号名称	符号定义	解释说明
$P(x,y)$	发射端的位置	以节点坐标形式表示
R	覆盖范围的半径	发射端的最大覆盖半径
$\overrightarrow{V(t)}=\left(\overrightarrow{V_x(t)},\overrightarrow{V_y(t)}\right)$	覆盖方向的方向向量	t 时刻发射端的覆盖方向
$\phi(\phi\in[0,2\pi])$	边界和覆盖方向向量之间的夹角	扇形覆盖区域的夹角

 无线紫外 Ad hoc 网络中,节点采用方向连续可调模型时可以根据通信的需要改变发射的方向。尽管发射机的覆盖是封闭的扇形区域,但是发射端通过不断地调整其覆盖方向,具有能够覆盖整个圆形区域的能力。连续可调方向的覆盖模型可以通过调整发射端的发射方向来实现,这样不仅能满足网络覆盖的需求,还能节省能量。节点可以覆盖任何需要覆盖的方向,而无需调整发射端的位置。方向连续可调的扇形覆盖模型如图 6.14 所示。

6.2.2 紫外光网络中的区域覆盖

1. 网络覆盖问题描述

研究无线紫外 Ad hoc 网络中的覆盖增强算法时,网络需满足以下假设条件。
假设 1:发射端节点均使用方向连续可调的扇形覆盖模型。
假设 2:无线紫外 Ad hoc 网络中的所有节点具有相同的结构,包括相同的通信半径和通信角度。

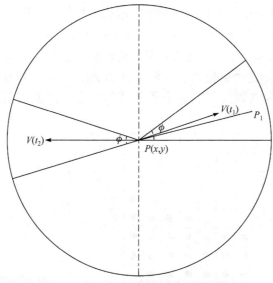

图 6.14　方向连续可调的扇形覆盖模型

假设 3：无线紫外 Ad hoc 网络中的每个节点知道自身的位置和覆盖方向，并且可以控制并改变覆盖方向。

在无线紫外 Ad hoc 网络中，节点的部署必须遵循图 6.15 所示的优先级。ROI 根据节点部署的难易程度分为四个等级。等级 1 表示在该区域中部署节点十分容易，需要的部署成本最低，等级 2 比等级 1 的部署成本高，等级 3 比等级 2 的部署成本高，等级 4 的部署成本是最高的。

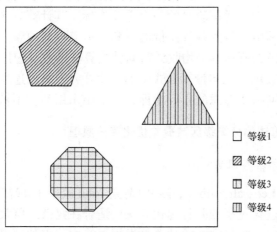

图 6.15　节点部署的优先级示意图

覆盖率问题的性能指标包括网络寿命、连通度等。最常见的覆盖率是由 Gage[24] 提出的，其定义如式(6.2)所示。ROI 被划分为一系列网格，网格的边长相等。每个网格是一个子区域。每个子区域的边长越小，覆盖率的计算越准确。若某一时刻某个子区域的大部分区域至少被一个发射机所覆盖，则认为该子区域在此时刻是被覆盖的。子区域的大部分是否被覆盖的标准是子区域的中心(图6.16 中所示的黑点)是否被覆盖。如图 6.16 所示，ROI 被划分为 12×12 个子区域，此时两个扇区共覆盖了 35 个子区域的中心，因此当前网络的覆盖率为35/(12×12)=24.3%。

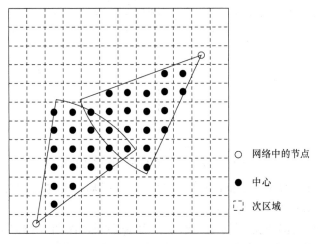

图 6.16　区域覆盖率的近似计算示意图

2. 网络性能参数

覆盖率是衡量网络通信质量的一个重要指标，其计算方法如式(6.2)。部署成本是考虑构建网络所需的各种代价的总和，本节将其抽象为网络部署成本的总和，具体如式(6.3)所示。平均收敛时间就是算法的收敛速度，用于衡量算法的有效性，用 $\bar{T}$ 表示，具体计算如式(6.4)。此外，网络的连通性、冗余性和生存时间也是建设网络要考虑的主要指标，本节中未用到，不做详细说明。

6.2.3　基于遗传算法的分等级区域覆盖优化算法原理

1. 遗传算法的基本概念

遗传算法(genetic algorithms, GA)由荷兰 John 教授于 1975 年首次提出[25]，是一种模拟生物进化过程的并行优化算法，适合在复杂、巨大的搜索空间中寻找最优解或次优解。本章中初始种群是根据网络中节点的部署信息生成的，通过调整网络中节点的参数实现网络覆盖的最大化及部署成本的最小化。遗传算法增强了本地搜索能力，提高了收敛速度和网络性能。遗传算法中的一些基本概念如图 6.17 所示。

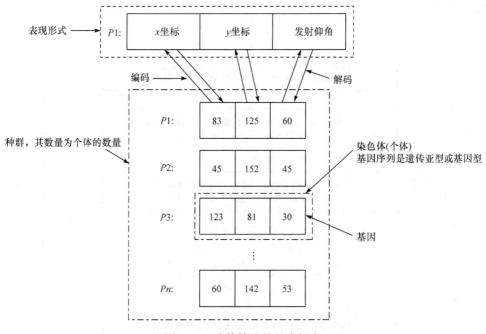

图 6.17　遗传算法的基本概念

此外，GA 还包括一个非常重要的概念：适应度函数。适应度函数一般是由目标问题决定的。适应度值表示每个个体繁殖水平的概率。适应度的值越大，则个体的适应度越高；反之，则越低。本章使用的适应度函数如式(6.6)所示：

$$f = w_1 \max + w_2 \cos t \tag{6.6}$$

其中，max 是所覆盖的子区域的数量；$\cos t$ 是无线紫外 Ad hoc 网络的部署成本，它们的权重为 w_1 和 w_2，取 $w_1 = w_2 = 0.5$。

2. GACOA 的描述

为了解决无线紫外 Ad hoc 网络中网络覆盖和网络成本优化等问题，本节提出了基于遗传算法的 GACOA。GACOA 的一般思想描述如下：首先，无线紫外 Ad hoc 网络中的初始节点信息由计算机随机产生。然后根据节点的信息对种群中的染色体进行编码。网络的初始节点部署方案必须由初始种群内的所有染色体来描述，利用给定的网络和覆盖模型对网络的初始节点部署方案进行优化。如果 GACOA 的迭代次数大于等于给定的最大迭代次数后覆盖率仍不能满足通信要求，则在目标区域中最大的覆盖盲区里部署新的节点以满足通信需要。最后通过判断约束条件获得较佳的网络部署策略。图 6.18 是 GACOA 的流程图。

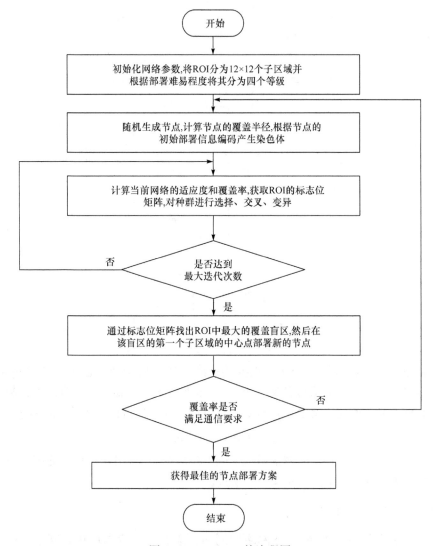

图 6.18　GACOA 的流程图

　　算法的流程描述如下。

　　步骤 1：初始化参数及 ROI。节点的数量由 Num 表示，子区域的长度由 s 表示。将 ROI 划分为 12×12 个子区域。根据节点部署的难易程度，ROI 可被分为四个等级，因此在 ROI 内的不同区域部署节点的成本亦可被分为四个等级。

　　步骤 2：随机生成节点，完成编码。节点的坐标以及节点的发射方向由计算机随机生成，然后根据发射端和接收端之间的距离，通过公式(6.1)计算得到发射端的覆盖半径。种群包含网络中所有节点的部署信息，每个染色体由节点的坐标信息和该节点的发射方向向量组成。

步骤 3：计算适应度与覆盖率，进行选择、交叉、变异。每个染色体的适应度由式(6.6)计算，通过式(6.2)计算网络的覆盖率，获得 ROI 的标志矩阵。并通过遗传算法的三个操作因子(选择操作、交叉操作及变异操作)获得适应度更大的染色。

步骤 4：判断迭代是否达到最大迭代次数。如果迭代次数超过最大迭代次数，转到步骤 5；否则，转到步骤 3。

步骤 5：最大的覆盖盲区的中心部署一个新的节点。通过 ROI 的标志矩阵找出拥有最多连续 0 的位置，即为 ROI 中最大的覆盖漏洞。然后将新节点放置在此盲区内第一个子区域的中心。

步骤 6：覆盖率是否满足通信要求。以该子区域的中心点代替整个子区域，计算该区域的覆盖率。如果覆盖率不满足需要，转到步骤 2；否则，转到步骤 7。

步骤 7：获取满足要求的节点部署方案，算法结束。

6.2.4　仿真结果与分析

通过仿真模拟，评估 GACOA 的正确性和效率。本节所有仿真都是在 C++和 MATLAB 中进行。为了证明所提出算法的优越性，还将其性能与一些现有类似的区域覆盖算法进行比较。系统参数如表 6.3 所示，除非另有说明，否则接收端的视场角均为 90°。此外，为了确保通信网络中节点间是连通的，发射端的发射功率可以无限大的增加。

表 6.3　系统参数

参数名称	数值
目标区域面积/m²	200×200
子区域的边长/m	5
交叉因子	0.95
变异因子	0.08

1. 仿真结果与性能分析

通过仿真结果验证 GACOA 的正确性。在 200m×200m 的 ROI 上随机部署 120 个节点，节点的覆盖范围由节点的参数确定，ROI 分为四个级别，如图 6.15 所示。图 6.19 给出了使用 GACOA 前后的网络覆盖率仿真结果。网络中节点随机部署网络的覆盖示意图如图 6.19(a)所示，该网络的覆盖率为 60%。图 6.19(b)给出了随机部署后，在网络的覆盖漏洞中重新部署节点之后在网络中部署节

点。可以很容易地从图中发现，通过覆盖漏洞中的重新部署节点可以找出目标
区域中最大的洞，并在该洞中的第一子区域的中心重新部署新节点从而保证网
络的覆盖率。与图 6.19(a)相比，网络的覆盖率增加了约 1%。应用 GACOA 后
网络中节点的覆盖示意图如图 6.19(c)所示，网络的覆盖率增加到 67%，覆盖率
提高了约 10.3%，部署成本降低 8%。在使用 GACOA 后的网络中找出最大覆盖
盲区，并重新部署节点进而满足给定的通信要求，如图 6.19(d)中所示，网络的覆
盖率目前高达 68%，该网络的覆盖率提高了约 10.4%，部署成本降低了约 8.1%。

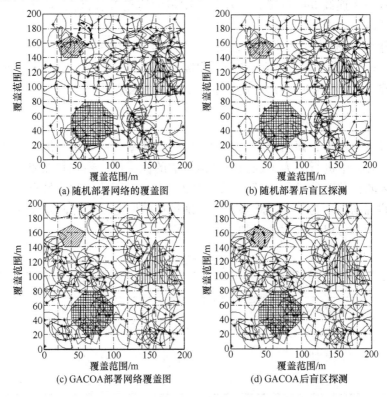

图 6.19　不同算法下网络节点部署示意图

ROI 中的网络节点密度为 0.3 个/m²，发射端的光束孔径角为 60°，接收端
的视场角为 45°，GACOA 参数的变化如表 6.4 所示。由表 6.4 可知种群进化的
代数越多，网络部署成本降低的趋势越显著，但覆盖率及其他性能指标无明显
变化。故 GACOA 可以找到一个更优的网络部署计划，实现更高的覆盖率和更
低的部署成本。

表 6.4 GACOA 参数

遗传代数	最优适应度	平均适应度	适应度偏差	部署代价	覆盖率
5	3	2.358	0.406	14100	0.6
10	3	2.475	0.266	12600	0.61
15	3	2.371	0.381	13900	0.63
20	3	2.388	0.358	13500	0.63
25	3	2.362	0.41	14100	0.64
30	3	2.433	0.317	12500	0.67

当发射端的光束孔径角为 60°，发射端和接收端之间的距离由 2m 变化到 50m 时，图 6.20 描述了发射端和接收端之间距离及发送仰角的变化对覆盖率和部署成本的影响。由图 6.20(a)可观察到覆盖率随着发射端和接收端之间距离的增大而增加，这是由于网络中发射端和接收端之间距离增大时，节点的覆盖范围半径将增大。当发送仰角为 50°时，接收端接收到的信号增益达到极限，发射端和接收端之间距离不变时，随着发送仰角的增大，覆盖率在 50°之前增加，在 50°之后减小。图 6.20(b)反映出随着发射端和接收端之间距离的改变，网络的部署代价变化，无线紫外 Ad hoc 网络的部署代价在一定范围内呈波动趋势，可见 GACOA 可以快速找到最佳解决方案。

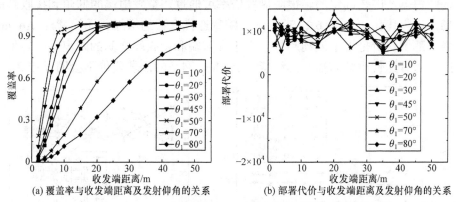

(a) 覆盖率与收发端距离及发射仰角的关系   (b) 部署代价与收发端距离及发射仰角的关系

图 6.20 覆盖率、部署代价与收发端距离及发送仰角的关系

发射端和接收端之间的距离及接收端的视场角对覆盖率的影响如图 6.21(a) 所示，其中发射端光束孔径角为 60°。由图 6.21(a)可知，随着发射端和接收端之间距离的增大，覆盖率呈持续增加趋势，但随着接收端视场角的增大，网络覆盖率在 50°之前增加，在 50°之后减小。造成这一现象的主要原因是仿真实验有一个假定前提：若改变发射端和接收端之间的距离，则发射功率随之改变，以确保发射端和接收端之间可相互通信。无线紫外 Ad hoc 网络的部署代价随着发射端

和接收端之间的距离增大而波动，如图 6.21(b)所示。由于随着发射端和接收端之间的距离增大，部署在 ROI 内的节点数量保持不变，故无线紫外 Ad hoc 网络的部署代价不会有明显的提高。

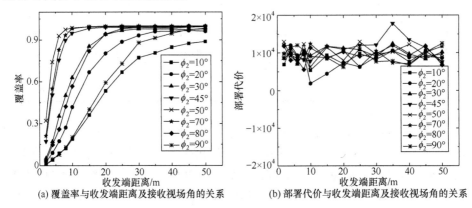

(a) 覆盖率与收发端距离及接收视场角的关系　　(b) 部署代价与收发端距离及接收视场角的关系

图 6.21　覆盖率、部署代价与收发端距离及视场角的关系

　　图 6.22(a)描述了覆盖率和迭代次数之间的关系，仿真过程中令 ROI 和子区域的边长分别为 200m 和 20m。由图 6.22(a)可知随着迭代次数的增加，网络覆盖率的变化趋势不明显。主要是由于发射端和接收端之间的距离固定，因此发射端的覆盖范围是确定的。很明显覆盖率可通过调整发射端的仰角和接收端的视场角进行优化。如图 6.22(b)所示，随着迭代次数的增加，无线紫外 Ad hoc 网络的部署代价呈上下波动趋势。由于发射端和接收端之间的距离是一定值，因此，随着迭代次数增加，无线紫外 Ad hoc 网络的部署代价不会明显提高。

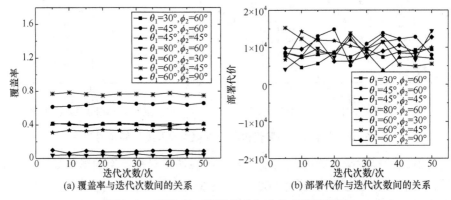

(a) 覆盖率与迭代次数间的关系　　(b) 部署代价与迭代次数间的关系

图 6.22　覆盖率、部署代价与迭代次数的关系

　　覆盖率与子区域长度的关系如图 6.23(a)所示，其中发射端的光束孔径角和接收端的仰角均设置为 60°。由于覆盖率主要受覆盖半径的影响，故随着子区域边长的增加，覆盖率变化的趋势并不明显。显然网络覆盖率随着接收端的视

场角和发送仰角的改变而变化，当 $\theta_1 = 60°$，$\phi_2 = 45°$ 时，网络覆盖率可达到最大值。如图 6.23(b)所示，当发射端和接收端之间的距离是一定值，随着子区域长度增加，无线紫外 Ad hoc 网络的部署代价波动增加，因此子区域长度的增加不会对网络的部署代价有明显影响。

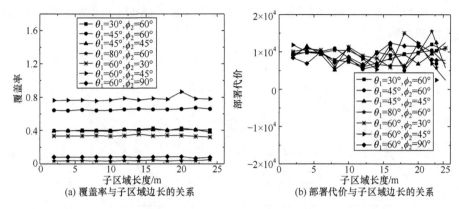

图 6.23　覆盖率、部署代价与子区域边长的关系

综上所述，GACOA 的性能随着发射端和接收端之间距离的增加而增加，而迭代次数和子区域长度对其几乎无影响。发射端的光束孔径角和接收端视场角对网络部署代价无太大的影响，并且算法性能随着发射端的光束孔径角和接收端视场角的增加，会在不同阶段内增加。

2. 算法的性能比较

为了评估本章提出的基于遗传算法的 GACOA 的性能，分别与基于虚拟势场的覆盖增强算法(potential field based on coverage-enhancing algorithm，PFCEA)和基于覆盖子集的区域覆盖算法(coverage subsets based on region coverage algorithm，CSRCA)[26]的性能进行了比较。令网络中的节点数量从 20 到 160 依次增大，并且仿真参数设置与表 6.2 相同。为了获得准确的评估结果，每次仿真均进行 100 次，以获得每个数据的平均值。

GACOA、PFCEA 和 CSRCA 的性能比较如图 6.24 所示，其中收发端的 θ_1 和 ϕ_2 设置为 45°和 60°，发射端和接收端之间的距离设置为 6m，子区域边长的长度设置为 20m。图 6.24(a)～(c)分别描述的是节点个数对网络覆盖率、部署代价和平均收敛时间的影响。由图 6.24 可以看出覆盖率、部署代价和平均收敛时间均随着节点个数的增加而增加。当节点个数为一个常数时，GACOA 的通信性能指标优于同一无线紫外 Ad hoc 网络中的 PFCEA 和 CSRCA。这是由于 GACOA 中节点的位置和发射方向可调节，而节点的位置在 PFCEA 和 CSRCA 中是固定的，网络性能不易满足通信要求。而当网络节点数很大时，邻近节点的覆盖区域会出现较多的重叠，但是由于 GACOA 是通过调整节点的位置来降低部署代价，只有当随机部署节点在障碍区时，将节点从障碍区尽可能移除才可降低部署代价，所以 GACOA 为满足给定的覆盖率牺牲掉了部分的部署代价。因此，GACOA 用于无线紫外 Ad hoc 网络时，网络具有覆盖率高、部署代价小、收敛速度快等优点，同时该算法也可以确保无线紫外 Ad hoc 网络中节点部署的快速性和准确性。

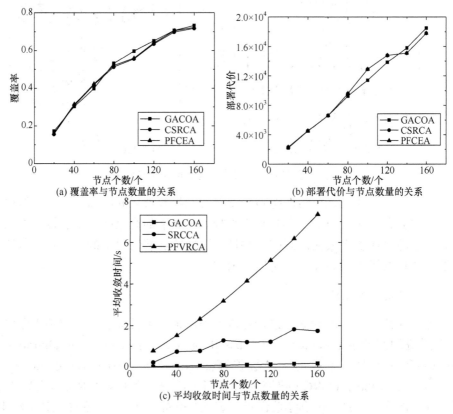

图 6.24　覆盖率、部署代价、平均收敛时间与节点数量的关系

6.3　三维无线紫外光自组织网络组网策略

本节主要关注的是三维空间环境中无线紫外光自组织通信网络的覆盖控制问题，为实现优化网络的覆盖率和连通性，设计了一种三维无线紫外光自组织网络组网策略。考虑网络通信参数(收发仰角、发射功率、数据传输速率、误码概率和节点密度)、调制方式、噪声模型、网络的覆盖率和连通性等因素的影

响，且根据节点间的相对位置选择适当的通信参数来提高网络的覆盖率和连通性。当节点在 ROI 不同的位置或与障碍物相对位置不同时，仿真分析了网络的部署成本。最终给出了综合考虑覆盖率、连通性和部署成本等因素的最佳组网策略[27]。

6.3.1　三维无线紫外光网络模型

1. 无线紫外光 NLOS 三维通信模型

以无线紫外光 NLOS 通信节点组成的网络为例，发射机 T_x 和接收机 R_x 之间典型的无线紫外光 NLOS 通信链路如图 6.25 所示。T_x 以光束发散孔径角 ϕ_1 向上发射信号。T_x 发射的光束产生的锥体与 R_x 产生的锥体形成 θ_s 相交角。T_x 和 R_x 之间的距离为 d，而从公共散射体 V 到 T_x 和 R_x 的距离分别为 r_1 和 r_2。

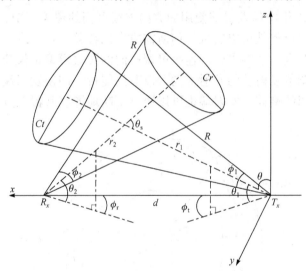

图 6.25　无线紫外光 NLOS 通信链路模型

2. 三维覆盖模型

三维覆盖模型如图 6.26 所示。在 $\phi = 2\pi$ 的情况下，连续可调取向的覆盖模型可转换为传统的全向覆盖模型。判断点 M 是否被覆盖的方法：如果 $\dfrac{\overrightarrow{PM} \cdot \overrightarrow{PD}}{\|\overrightarrow{PD}\|} \leqslant R \cdot \sin\dfrac{\phi}{2}$ 和 $\dfrac{\overrightarrow{PM} \cdot \overrightarrow{PD}}{\|\overrightarrow{PM}\|\|\overrightarrow{PD}\|} \leqslant \cos\dfrac{\phi}{2}$ 均成立，则点 M 被发射机覆盖。否则该点不被覆盖。此外，如果在 t 时 V 被覆盖，则意味着在此时必须覆盖 V 中的每个节点。目标是否被发射机覆盖由它们之间的欧氏距离来决定。然而在实际情况下，光束可能在其覆盖路径的某方向上被遮挡。在这种情况下，概率覆盖模型会产生误差，影响无线紫外 Ad hoc 网络的组网过程。

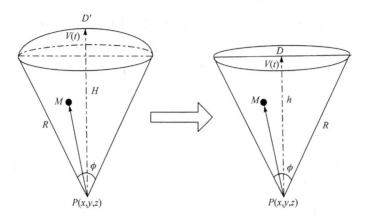

图 6.26　三维覆盖模型示意图

　　图 6.27 为网络中的发射端使用的方向连续可调的覆盖模型，不需要对发射机位置进行任何调整就可以实现任何所需方向的覆盖。在三维空间中可以根据通信要求调整节点发射的方向。连续可调取向的覆盖模型不仅能满足覆盖的要求，而且通过调节发射端的发射方向可以节约能量。即使发射端的覆盖范围在某一时刻是封闭的锥体，发射端也可以通过不断地调整其覆盖方向来覆盖整个球形区域。

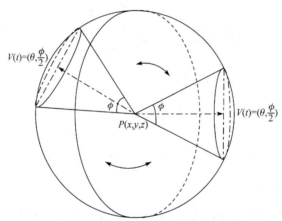

图 6.27　方向连续可调的覆盖模型

　　网络中的每个节点均可通过方向连续可调的覆盖模型覆盖一个球形区域，因此可近似认为节点的覆盖范围为球形区域。根据无线传感网络的现有研究可知，如图 6.28 所示，若整个三维空间中边长为 r_0 的任意一个鲁洛四面体(Reuleaux tetrahedron)内至少有 k 个节点，其中 $r_0 = \dfrac{r}{1.066}$ 和 $k \geqslant 4$，则该三维空间可保证 k 覆盖[28]。

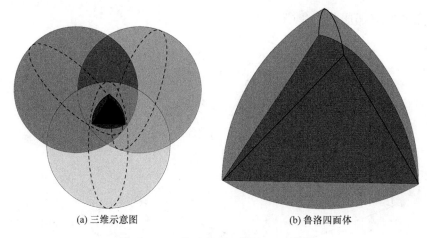

(a) 三维示意图　　　　　　　　　　　(b) 鲁洛四面体

图 6.28　三维示意图和鲁洛四面体[29]

6.3.2　三维无线紫外光自组织网络中的区域覆盖

1. 三维覆盖问题描述

以体积为 V 的三维空间中的正方形区域为研究对象。在该区域内有 Num 个节点，并且每个节点根据随机过程独立地放置于目标区域内[29]，节点空间密度 $\rho =$Num$/V$。假设所有节点具有相同的最大通信范围半径 R，则每个节点的覆盖范围是 $V = \dfrac{1}{3}\pi R^2 l \cdot \cos\dfrac{\phi}{2}$ 的锥体区域[23,24]，但是每个节点的有效通信距离为 r，详见式(6.7)和式(6.8)。本章研究网络覆盖优化算法时满足下述条件。

(1) 三维无线紫外光自组织网络中的所有节点都具有相同的结构，包括相同的通信范围和有效通信距离半径，相同张角的通信范围，且所有发射端都采用方向连续可调的三维覆盖模型。

(2) 三维无线紫外光自组织网络中的每个节点都知道自身的位置和覆盖方向，并且可以控制自身的覆盖方向。

(3) 三维无线紫外光自组织网络中的节点部署必须遵守图 6.29 所示的优先级规则。

同时假设无线紫外光自组织网络的通信图是图 $G=(S,W)$，其中 S 是一组节点，W 是它们之间的通信链路集合，当 $\left|P_i - P_j\right| \leqslant R$ 时，所有 $s_i, s_j \in S (s_i, s_j) \in W$。如果可以通过去除至少 k 个节点来断开 G，则无线紫外 Ad hoc 网络的通信图 G 的连通性等于 k。G 的禁止故障节点集合定义为包括给定节点的整个邻居集合的一组故障节点。属性 P 是故障节点集中不包含给

定节点的所有邻居节点集[29]。

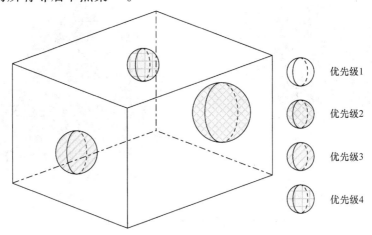

图 6.29　节点部署的优先级示意图

覆盖率是评价无线紫外光组网是否成功的一个关键指标。三维网络覆盖率的近似计算示意图如图 6.30 所示，由 C_{ov} 表示，具体表示为式(6.2)。

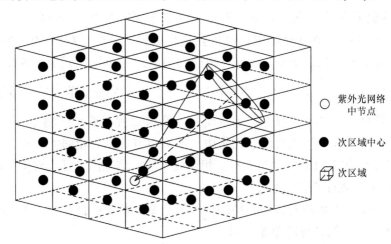

图 6.30　三维网络覆盖率的近似计算示意图

2. 有效通信距离

每个发射机的有效通信距离主要受所采用调制方式的影响。最常见的用于无线光通信的调制技术是 OOK 调制和 PPM。经实验已经获得了 OOK 调制和 PPM 在泊松和高斯噪声模型下的有效通信距离[30]。当采用泊松噪声模型时，发射机的有效通信距离如式(6.7)所示：

$$
\begin{cases}
r_{\text{OOK,P}} = \alpha \sqrt{-\dfrac{\eta \lambda P_t}{hc\xi R_b \ln(2P_e)}} \\[4mm]
r_{\text{PPM,P}} = \alpha \sqrt{-\dfrac{\eta \lambda P_t \log_2 M}{hc\xi R_b \ln\left(\dfrac{MP_e}{M-1}\right)}}
\end{cases}
\tag{6.7}
$$

当使用高斯噪声模型时，有效通信距离如式(6.8)所示：

$$
\begin{cases}
r_{\text{OOK,G}} = \alpha \sqrt{\dfrac{hP_t}{\xi \sqrt{N_0 R_b Q^{-1}(P_e)}}} \\[4mm]
r_{\text{PPM,G}} \approx \alpha \sqrt{\dfrac{hP_t}{\xi Q^{-1}(P_e)} \sqrt{\dfrac{M\log_2 M}{2N_0 R_b}}}
\end{cases}
\tag{6.8}
$$

其中，ξ 和 α 分别是路径损耗因子和相应的路径损耗指数；$Q(\cdot)$ 定义为 $Q(x) = \dfrac{1}{\sqrt{2\pi}} \int_0^{\infty} \mathrm{e}^{-\frac{t}{2}} \mathrm{d}t$，等价于互补误差函数 $\mathrm{erfc}(x) = 2Q\left(\sqrt{2}x\right)$ 和 $N_0 = \dfrac{q\zeta N_n hc}{\lambda}$；$P_e$ 是误差出现的概率，M 是 PPM 方式的符号长度；P_t 和 R_b 分别为发射功率和数据速率；λ、h、c 和 η 分别表示光波波长、普朗克常量、光速、光学滤波器和光电探测器的量子效率。

3. 三维覆盖性能参数

若三维分布式同构无线紫外光通信网络图 G 中至少移除或断开 k 个节点后 G 不连通了，则称该无线紫外自组织网络为 k 连通。三维分布式同构网络 G 的连通性[28,30]可表示为

$$
\kappa(G) = 3.02\tau^3 k
\tag{6.9}
$$

条件连通性代表除去网络中与故障节点相连接的 k 条链路后此网络不连通了。若上述网络 G 满足属性 P，则该网络 G 的条件连通性表示为

$$
\kappa(G:P) = \frac{3.02\left[(r_0 + R) - r_0^3\right]k}{r_0^3}
\tag{6.10}
$$

其中，$r_0 = \dfrac{r}{1.066}$；$\tau = \dfrac{R}{r}$；$k \geqslant 4$。

6.3.3　三维无线紫外光自组织网络组网原理

三维分布式同构无线紫外光自组织通信网络中，障碍规避划分图如图 6.31 所示。当在 ROI 中监测到未知的静止或移动障碍物时，应做如下处理。

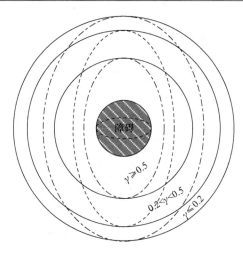

图 6.31　障碍规避划分图[31]

首先，由式(6.11)计算风险度 γ [26]：

$$\gamma = \frac{D'}{D} \tag{6.11}$$

其中，D 是节点和障碍物之间的距离。

　　然后，根据 γ 的大小和障碍物的移动速度(静态障碍物的速度为 0)选择适当的回避策略。如果 $\gamma \leqslant 0.2$ ，认为无危险，则可以继续原来的操作。如果 $0.2 < \gamma < 0.5$，认为可能发生碰撞，执行调整策略。节点的位置应根据障碍物的移动速度进行修正。如果 $\gamma \geqslant 0.5$ ，认为非常危险，丢弃该节点并使用替换策略。

　　为了解决三维空间内有障碍物的场景下无线紫外 Ad hoc 网络的覆盖控制问题，设计了一种三维无线紫外光自组织网络的组网策略(networking strategy of three-dimensional wireless ultraviolet communication network，UVNNS)。UVNNS 的整体思路如下：首先，计算机随机生成给定数量的节点。接着根据节点和障碍物之间的位置关系判断需执行的障碍物规避策略。然后根据 ROI 中的每个节点的坐标和发射方向的信息进行编码。部署方案可以由种群信息描述，通过给定的网络、覆盖模型和遗传算法对该方案进行优化。优化过程中，如果迭代次数大于等于给定的最大迭代次数时，覆盖率仍不能满足给定的通信需求，则重新部署网络。多次循环判断后获得最合适的网络组网策略。UVNNS 算法的流程图如图 6.32 所示，算法的具体描述如下。

　　步骤 1：三维 ROI 被划分为 20×20×20 个子区域。考虑节点部署过程的复杂性，将三维 ROI 分为四个优先级。

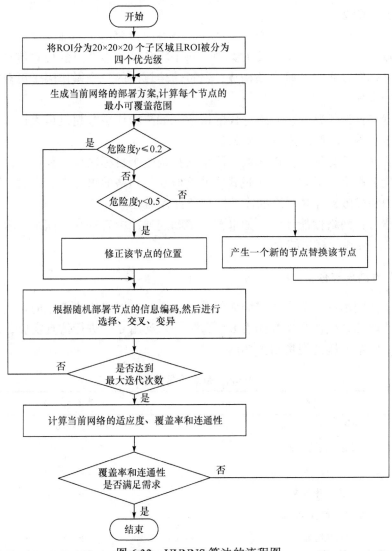

图 6.32　UVNNS 算法的流程图

　　步骤 2：节点部署。节点的数量和子区域的边长分别由 Num 和 s 表示。初始节点的位置坐标、节点传输方向的水平和垂直角度均是随机生成的，生成当前的网络部署方案。然后根据发射端的覆盖范围通过式(6.7)和式(6.8)计算节点的有效通信距离。

　　步骤 3：障碍避免。根据危险度大小判断需执行的策略，若 $\gamma \leqslant 0.2$，转到步骤 4；若 $0.2 < \gamma < 0.5$，采用调整策略。根据障碍物的移动速度，节点的位置及运动速度进行相应的修正，然后转到步骤 4；若 $\gamma \geqslant 0.5$，实施替换策略。此时极有可能发生碰撞，需丢弃此节点并部署新的节点以满足网络覆盖率要求，

之后转到步骤 2。

步骤 4：编码、选择、交叉和变异。种群内包含网络的部署信息，网络中所有节点必须包括在初始部署方案中。每个染色体由该节点的位置信息、传输方向的坐标以及水平和垂直角构成，通过遗传算法的三个操作因子可获得适应度更好的个体。

步骤 5：迭代判断。判断迭代的次数，如果迭代次数超过最大迭代次数，则转到步骤 6；否则，转到步骤 2。

步骤 6：计算网络性能参数。网格式扫描整个目标区域，利用子区域的中心点来代替整个子区域，可通过式(6.1)近似获得网络的覆盖率。同时，可以通过式(6.7)和式(6.8)计算网络的连通性和条件连通性。

步骤 7：网络性能评估。如果覆盖率和连通性中有一个不满足需求，则转到步骤 2；否则，算法结束。

6.3.4　仿真结果与分析

为了证明本章所提出的三维无线紫外 Ad hoc 网络构建算法的正确性和有效性，选取的系统仿真参数如表 6.5 所示[32]。利用 C++进行仿真实验，若无特定说明，则接收端的视场角为 30°。

表 6.5　系统仿真参数

参数名称	数值
ROI 的容积/(m×m×m)	200×200×200
子区域的边长/m	10
波长/nm	250
发射功率/mW	50
数据传输速率/Kbps	10
接收视场角/(°)	30

1. 仿真与分析

在 200m×200m×200m 的三维 ROI 上随机部署 400 个节点，通过分析仿真结果验证所提算法的正确性。

1) 网络的覆盖性

NLOS(c)类通信方式中，发送仰角和接收仰角对覆盖率的影响如图 6.33 所示。由图 6.33(a)可知在泊松噪声模型下，随着发送仰角和接收仰角的增加，覆盖率几乎不变。但当发送仰角为 50°～70°时，覆盖率略有波动降低，主要是由

于路径损耗因子在 $\theta_1 = 60°$ 前后出现波动。如图 6.33(b)所示采用高斯噪声模型时，覆盖率随发送仰角的增加波动减小。发送仰角不变时，随着接收仰角的增加，覆盖率在 40°之前减小，在 40°之后增加。导致这个变化的原因是紫外光 NLOS 通信时，接收仰角显著影响着接收端接收到信号的强弱，当接收仰角小于 40°时，接收到的信号功率呈增大趋势；大于 40°时，接收到的信号功率呈减小趋势。

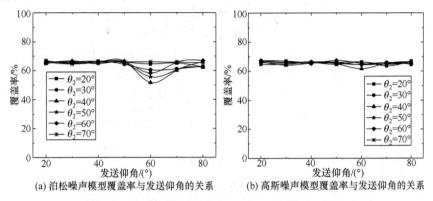

图 6.33　不同噪声模型下覆盖率与发送仰角的关系

图 6.34 也给出了 NLOS(c)类通信方式中发射仰角和接收仰角对覆盖率的影响。由图 6.34(a)和(b)可知，泊松噪声模型和高斯噪声模型下随着发送仰角和接收仰角的增加，覆盖率随发送仰角的增大而波动降低且分别在 40°和 80°左右出现波谷。导致这个变化的原因是紫外光 NLOS 通信时，接收仰角会显著影响着接收端接收到信号的强弱。因此在实际应用中可根据通信需求选择合适的调制方式。

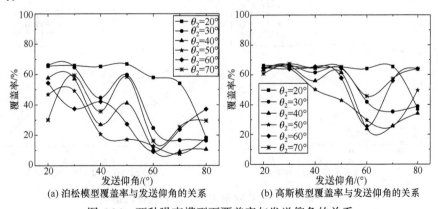

图 6.34　两种噪声模型下覆盖率与发送仰角的关系

图 6.35 显示了 OOK 调制方式下发送仰角和接收仰角对部署代价的影响。

由图 6.35 可知，收发仰角对网络的部署代价无明显影响，即部署代价随收发仰角的增大或减小呈现微小的波动。因为部署代价主要取决于网络中节点的数量，所以在网络节点密度不发生变化的情况下，网络部署代价也几乎不变。由于发送仰角和接收仰角、调制方式及噪声模型的改变不会引起网络中节点数量的变化，网络部署代价近乎是稳定的。

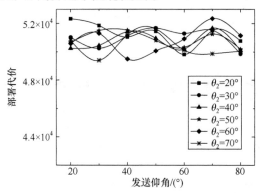

图 6.35　OOK 调制部署代价与发送仰角的关系

当 ROI 和子区域的长度分别为 200m 和 10m 时，图 6.36(a)描述了覆盖率和发射功率之间的关系。覆盖率随着发射功率的增加明显增大，这是由于其他通信参数固定时，发射端的覆盖范围与发射功率的值成正比。显然调制方式和噪声模型会影响发射端的覆盖半径，从而影响网络的覆盖率。如图 6.36(b)所示，由于调制方式和噪声模型对节点的数量和网络部署环境有明显的影响，随着发射功率的增加，三维无线紫外 Ad hoc 网络的部署代价波动增加。

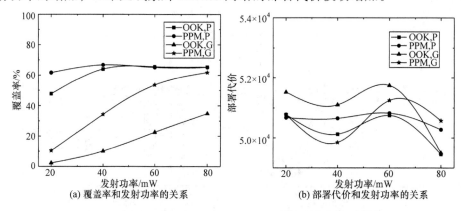

图 6.36　发射功率对覆盖率、部署代价的影响

数据传输速率在不同调制方式和噪声模型下对网络覆盖率的影响如图 6.37(a)所示，覆盖率随着数据传输速率的增加而明显降低。由于其他通信参

数是固定的，发射端的覆盖范围与数据传输速率成反比。调制方式和噪声模型会对发射端的覆盖半径有一定的影响，从而使网络的覆盖率发生变化。如图 6.37(b)所示，由于调制方式和噪声模型的改变不会改变网络中节点的数量，随着数据传输速率的增大，三维无线紫外 Ad hoc 网络的部署代价会在小范围内波动。

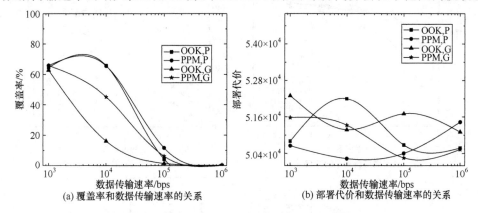

(a) 覆盖率和数据传输速率的关系　　　　(b) 部署代价和数据传输速率的关系

图 6.37　数据速率对覆盖率、部署代价的影响

OOK 调制和高斯噪声模型下节点密度对网络部署代价的影响如图 6.38 所示，由图可知随着节点密度的增加，网络部署代价线性增加。也就是说，节点密度的改变对可实现覆盖范围有显著的影响，但是误码率几乎对部署代价无影响。因此当无线紫外光自组织网络的节点密度保持不变而调制方式和噪声模型改变时，三维无线紫外光自组织网络的部署代价将不会发生明显的改变。当在无线紫外光自组织网络中使用其他的调制方式和噪声模型的组合时，可以得到相同的结果。

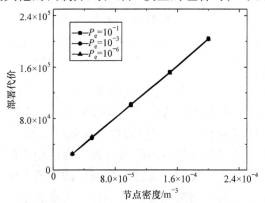

图 6.38　节点密度与部署代价的关系

图 6.39 描绘了误码率分别为 10^{-1}、10^{-3} 和 10^{-6} 时，覆盖率与节点密度之间的关系。网络的覆盖面积与网络节点的数量大概呈正比趋势，因此覆盖率随着节点密度的增加而明显增加。无线紫外 Ad hoc 网络采用 PPM 及泊松分布噪声

模型时，网络的覆盖率最高。紫外光是利用光的散射进行通信的，泊松分布噪声模型更接近其实际噪声分布，故通信性能更好一些。

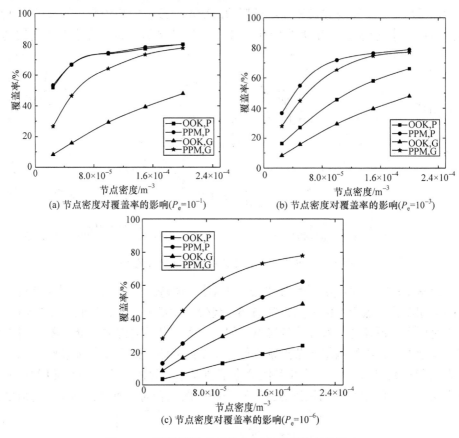

图 6.39　不同误码率时节点密度对覆盖率的影响

2) 网络的连通性

采用 NLOS(c)类通信方式和 OOK 调制及泊松分布噪声模型时，图 6.40 分别描述了连通性与 R/r 和 k 之间的关系。根据图 6.40 可知，随着 R/r 和 k 的增加，网络的连通性明显增加。R/r 对连通性有非线性影响，而 k 对其的影响近似为线性影响。网络节点的有效通信距离与最大通信距离的比值 R/r 代表了节点能量的有效利用率，且无线紫外光自组织网络的连通性主要取决于节点的通信范围，其他通信参数对它的影响可忽略不计。节点能量的有效利用率越大，网络的连通性能越好，可实现更好的通信。然而 k 值表示网络处于不连通状态需要移除或删掉的节点数，那么 k 值越大，表示网络的连通性越好。

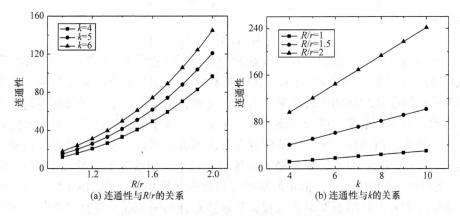

图 6.40　连通性与 R/r 和 k 的关系

网络中 R/r 和 k 的改变对条件连通性的影响如图 6.41 所示。由 6.41(a)和(b) 可知，条件连通性与 R/r 无关，但随着 k 的增加而线性增加。条件连通性表示 的是网络中通信链路的缺失对网络性能的影响，而 R/r 对链路的存在与否无影 响，因此 R/r 对网络的条件连通性无明显影响。网络中节点的个数对网络通信 链路集有直接的影响(网络中的节点越多，网络的通信链路也越多)。因此，三 维网络的构建需要综合考虑连通性与条件连通性，确保网络可满足及时的通信 需求。

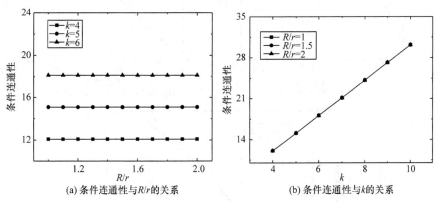

图 6.41　条件连通性与 R/r 和 k 的关系

2. 算法优劣比较

为评估 UVNNS 的优劣性，比较了三维无线紫外光自组织网络中 UVNNS 与随机部署方法(random deployment approach，RDA)的性能。三维无线紫外光 自组织网络节点密度的变化范围为 $2.5\times10^{-5}\sim2.0\times10^{-4}\,\mathrm{m}^{-3}$，系统仿真参数设置 与表 6.5 相同。仿真实验中每轮实验均进行 50 次，计算每个数据的平均值，从而得到较为准确的结论。

　　三维无线紫外光自组织网络采用 OOK 调制及泊松分布噪声模型，同时误码率 P_e 设置为 10^{-1}，发射端和接收端的仰角分别设置为 60° 和 70°，UVNNS 和 RDA 的性能比较如图 6.42 所示，其中图 6.42(a)～(c)分别是网络覆盖率，部署代价和平均收敛时间的比较结果。由图中可知，覆盖率、部署代价和平均收敛时间均随着节点密度的增大而增加。因为 UVNNS 中节点的位置和发射方向是人为可调的，而 RDA 中节点的位置在首次部署后固定不变，所以当节点密度固定时，UVNNS 的覆盖率和平均收敛时间差于相同情况下三维无线紫外 Ad hoc 网络中 RDA 的结果，但是网络的部署代价几乎相同。UVNNS 算法可确保三维无线紫外光自组织网络达到覆盖率和连通性的通信需求，且可以相对降低网络的构建成本。综上所述，三维无线紫外光自组织网络中使用 UVNNS 具有覆盖率高、部署代价较小的优点，但是 UVNNS 的平均收敛时间远远大于 RDA，意味着可通过牺牲网络构建速度获得高覆盖率和低成本的通信网络。

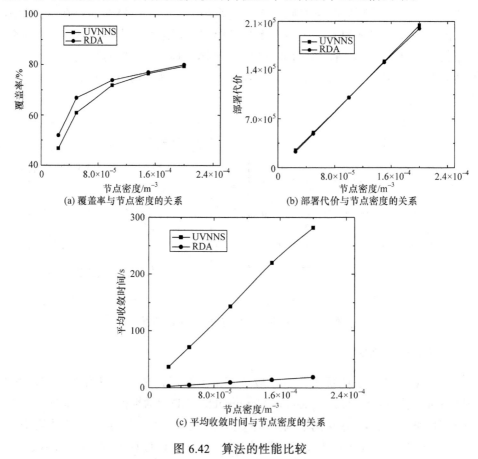

图 6.42　算法的性能比较

参 考 文 献

[1] HUFFMAN R E. Atmospheric Ultraviolet Remote Sensing [M]. Boston: Academic Press, 1992.

[2] CHANG S, YANG J, YANG J, et al. The experimental research of UV communication[J]. Proceedings of SPIE-The International Society for Optical Engineering, 2004, 115(4): 1621-1631.

[3] 柯熙政. 紫外光自组织网络理论[M]. 北京: 科学出版社, 2011.

[4] 赵太飞, 冯艳玲, 柯熙政, 等. "日盲"紫外光通信网络中节点覆盖范围研究[J]. 光学学报, 2010, 30(8): 2229-2235.

[5] 邵平, 李晓毅, 杨娟, 等. "日盲"紫外光定向发送与定向接收的非直视通信覆盖范围研究[J]. 重庆理工大学学报(自然科学), 2013, 27(7): 56-60.

[6] BOUKERCHE A, TURGUT B, AYDIN N, et al. Routing protocols in ad hoc networks: A survey[J]. Computer Networks, 2011, 55(13):3032-3080.

[7] 赵太飞, 柯熙政. 基于"日盲"紫外光通信的自组织网络技术研究[J]. 计算机应用研究, 2010, 27(6):220-237.

[8] ZHAO T, KE X, YANG P. Position and velocity aided routing protocol in mobile Ad hoc networks[J]. International Journal of Digital Content Technology & Its Applications, 2010, 4(3):101-109.

[9] 张棋飞. 无线自组织网络媒体接入控制机制研究[D]. 武汉: 华中科技大学, 2007.

[10] 任彦, 张思东, 张宏科. 无线传感网络中覆盖控制理论与算法[J]. 软件学报, 2006, 17(3): 422-433.

[11] HOU J C, YAU D K Y, MA C Y T, et al. Coverage in Wireless Sensor Networks[M]// Guide to Wireless Sensor Networks. London: Springer, 1970.

[12] CHAKRABARTY K, IYENGAR S S, QI H, et al. Grid coverage for surveillance and target location in distributed sensor networks[J]. Computers IEEE Transactions on Computers, 2002, 51(12):1448-1453.

[13] JIANG J, DOU W. A Coverage-Preserving Density Control Algorithm for Wireless Sensor Networks[M]// Ad-Hoc, Mobile, and Wireless Networks. Berlin: Heidelberg Springer, 2004.

[14] ZOU Y. Coverage-driven sensor deployment and energy-efficient information processing in wireless sensor networks[J]. Dissertation Abstracts International, 2004, 66(6): 3338.

[15] 赵璐. 基于移动节点的有向传感器网络覆盖应用研究[D]. 南京: 南京邮电大学, 2016.

[16] ADRIAENS J, MEGERIAN S, POTKONJAK M,et al. Optimal worst-case coverage of directional field-of-view sensor networks[J]. Sensor&Ad hoc Communications & Networks, 2006, 1:336-345.

[17] 赵旭, 雷森, 代传龙. 无线传感网络的覆盖控制[J]. 传感器与微系统, 2007, 26(8): 62-66.

[18] 陶丹. 视频传感器网络覆盖控制及协作处理方法研究[D]. 北京: 北京邮电大学, 2007.

[19] 张文哲, 李明禄, 伍民友. 一种基于局部 Voronoi 图的目标穿越算法[J]. 软件学报, 2007, 18(5): 1246-1253.

[20] 孙继忠, 无线传感网络栅栏覆盖研究[D]. 成都: 西南交通大学, 2010.

[21] 韩杰. 视频传感网络的覆盖算法研究[D]. 南京: 东南大学, 2013.

[22] 赵太飞, 李乐民, 虞红芳. 光网络生存性技术研究[J]. 压电与声光, 2006, 28 (3): 272-274.

[23] ZHAO T, KE X, YANG P. Local-map-based candidate node-encircling pre-configuration cycles construction in survivable mesh networks[C].International Conference on Future Information Networks. IEEE, Bangkok, 2009:249-252.

[24] GAGE D W. Command control for many-robot systems [J]. Unmanned Systems, 1992, 10(4): 28-34.

[25] HOLLAND J H. Building blocks, cohort genetic algorithms, and hyperplane-defined functions[J]. Evolutionary Computation, 2014, 8(4):373-391.

[26] WANG X, WANG S, MA J J,et al. An improved co-evolutionary particle swarm optimization for wireless sensor networks with dynamic deployment[J]. Sensors, 2007, 7(3):354-370.

[27] ZHAO T, GAO Y, WU P, et al. A networking strategy for three-dimensional wireless ultraviolet communication network[J]. Optik-International Journal for Light and Electron Optics, 2017, 151: 123-135.

[28] AMMARI H M, DAS S. A study of k-coverage and measures of connectivity in 3D wireless sensor networks[J]. IEEE Transactions on Computers, 2009, 59(2):243-257.

[29] HE Q F, SADLER B M, XU Z Y, et al. Modulation and coding tradeoffs for non-line-of-sight ultraviolet communications[J]. Proceedings of SPIE-The International Society for Optical Engineering, 2009, 8(2):210-234.

[30] HARARY F. Conditional connectivity[J]. Networks, 1983, 13(2): 347-357.

[31] 耿兴元, 韩波, 李平. 自主微型直升机飞行路径规划研究[J]. 机器人, 2004, 26(2): 145-149.

[32] VAVOULAS A, SANDALIDIS H, VAROUTAS D, et al. Connectivity issues for ultraviolet UV-C networks[J]. IEEE/OSA Journal of Optical Communications & Networking, 2011, 3(3):199-205.

第7章 无线紫外光通信网络连通性分析

影响无线紫外光通信网络连通性能的因素有节点密度、通信覆盖范围、数据传输速率、发射功率和调制方式等。随着空间角度的改变，对应的网络性能参数受到相应的影响，因而采用不同的通信方式会直接影响网络的连通性能。对于一个无线紫外光直机编队飞行通信网络，采用紫外 LED 阵列作为收发装置，收发端空间角度的选取对整个直升机通信网络的连通性至关重要。而对于收发端空间角度固定的机载通信系统，当直升机编队飞行通信网络中某一直升机与其他直升机失去联系时，定会影响其他直升机间的通信路径，因此研究如何快速恢复其他直升机间的通信路径具有十分重要的意义。

7.1 无线紫外光 NLOS 通信网络连通性分析

本节针对不同空间角度通信方式影响无线紫外光 NLOS 通信网络连通概率的问题，根据无线紫外光通信网络中不同调制方式的网络连通概率和不同收发仰角的路径损耗模型，研究了不同 NLOS 通信方式对网络连通性能的影响，得出了网络处于 1 连通状态时，PPM 方式能获得比 OOK 调制方式更好的网络连通性能；相同调制方式下，定向发送-全向接收比全向发送-全向接收场景下的网络性能更佳；定向发送-定向接收场景下收发仰角在 40°以上时，网络连通性能参数变化趋势不明显；在研究角度范围内当发送仰角与接收仰角均为 20°时，网络连通性能参数最佳[1,2]。

在紫外光通信中影响网络连通性的主要性能参数有噪声模型、节点密度、发射功率和误码率等[3]。Vavoulas 等[4]对网络中采用不同调制方式下节点密度对孤立节点存在的概率进行了仿真，并进行了孤立节点概率为 0 时收发仰角对节点密度影响的仿真，但没有对不同网络模型下孤立节点概率为 0 时，数据传输速率、所需发射功率等网络性能参数的变化进行研究。该团队又在固定收发仰角、发散角和视场角的条件下进行了噪声模型、节点密度、发射功率和误码率对网络连通概率影响的仿真与分析，但没有研究改变收发仰角、发散角和视场角对网络连通性能的影响。Wang 等[5]在全向发送-全向接收、定向发送-全向接收和定向发送-定向接收三种场景下分别进行了存在多用户干扰(multiuser interference，MUI)和非多用户干扰（NO-MUI）时节点密度对连通概率影响的仿真和对比分析，但并没有考虑在这三种场景下其他网络性能参数与网络连通性的关系。

　　针对以上文献中提到的几点问题，特别是收发仰角对网络连通性能的影响，本章仿真了不同因素对网络连通性的影响，包括收发仰角、发散角、调制方式，并针对不同收发仰角调节范围提出了不同角度的调节方式。

7.1.1　无线紫外光通信路径损耗

　　紫外光通信衰减比较严重，随着通信距离的增加，路径损耗呈指数形式衰减，紫外光 NLOS 路径损耗简化公式为[6]

$$L = \xi r^{\alpha} e^{\beta r} \tag{7.1}$$

其中，r 为通信距离；ξ 为路径损耗因子；α为路径损耗指数；β 为综合衰减因子，与收发端几何角度有关。

　　在近距离通信中，综合衰减因子 β 所引起的衰减为 $1\sim10\mathrm{km}^{-1}$，一般不考虑综合衰减因子 β 对路径损耗的影响，因此将式(7.1)简化，可以得到近距离紫外光通信的路径损耗为[6]

$$L = \xi r^{\alpha} \tag{7.2}$$

　　α和 ξ 的值取决于发送端发散角 ϕ_1、发送仰角 θ_1、接收端视场角 ϕ_2、接收仰角 θ_2。当发送端发散角和接收端视场角固定时，不同收发仰角的通信对应不同的 α 和 ξ 的取值，发送端发散角 $\phi_1=17°$ 和接收端视场角 $\phi_2=30°$时，不同收发仰角所对 α 和 ξ 值的影响如图 7.1 所示[6]，具体数值如表 7.1 和表 7.2 所示[7]。

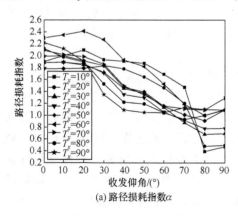

(a) 路径损耗指数α

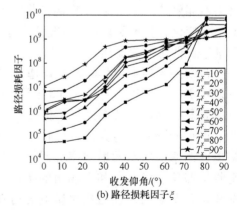

(b) 路径损耗因子ξ

图 7.1　收发仰角对路径损耗参数的影响[7]

表 7.1 路径损耗因子[7]

θ_2	$\theta_1=20°$	$\theta_1=30°$	$\theta_1=40°$	$\theta_1=50°$	$\theta_1=60°$	$\theta_1=70°$
20°	3.43×10^6	1.97×10^6	1.13×10^7	2.28×10^7	7.59×10^7	2.98×10^8
30°	1.41×10^6	8.54×10^6	7.37×10^7	1.24×10^8	4.01×10^8	1.10×10^9
40°	2.97×10^6	1.74×10^7	1.69×10^8	2.53×10^8	6.55×10^8	1.17×10^9
50°	2.92×10^6	1.06×10^7	1.09×10^8	1.83×10^8	4.85×10^8	8.86×10^8
60°	5.42×10^6	3.30×10^6	3.15×10^7	5.38×10^7	1.71×10^8	5.21×10^8
70°	2.92×10^6	2.60×10^7	1.83×10^8	3.07×10^8	2.82×10^8	7.35×10^8

表 7.2 路径损耗指数[7]

θ_2	$\theta_1=20°$	$\theta_1=30°$	$\theta_1=40°$	$\theta_1=50°$	$\theta_1=60°$	$\theta_1=70°$
20°	1.9139	1.8359	1.7800	1.6427	1.4641	1.2002
30°	1.8453	1.7219	1.4500	1.3720	1.1340	0.8751
40°	1.8579	1.7091	1.3498	1.2930	1.0559	0.9133
50°	1.7872	1.8310	1.4685	1.3937	1.1543	1.0098
60°	2.4113	2.2739	1.9322	1.8176	1.5262	1.1862
70°	1.9846	1.8581	1.4938	1.3444	1.1581	1.1111

紫外光 NLOS 三种通信方式在转化过程中，由于发送仰角 θ_1 和接收仰角 θ_2 发生变化而使有效散射体体积以及网络节点传输距离发生变化，进而使路径损耗发生变化。

7.1.2 无线紫外光网络中节点覆盖范围

在无线紫外光通信过程中，太阳辐射噪声光子的分布更接近于泊松噪声分布[7]，因此本章以泊松噪声模型为基础进行仿真分析。网络节点覆盖范围取决于调制和编码方式，通常用到的调制方式有 OOK 和 PPM 两种[8]。在泊松噪声模型下，当忽略背景噪声且最优检测阈值为 0 时，系统误码率性能最好，采用 OOK 调制方式时，误码率表示为[6]

$$P_e = \frac{1}{2}\exp(-\lambda_s) \tag{7.3}$$

其中，λ_s 为单个脉冲信号周期内接收端的光子到达率，可表示为[5]

$$\lambda_s = \eta P_t / \left(LP_b hc/\lambda\right) \tag{7.4}$$

其中，λ 为波长；η 为滤光器和光电探测器的量子效率；P_t 为发射功率；R_b 为数据传输速率；P_e 为误码率；c 为波长；h 为普朗克常量；L 为路径损耗。将式(7.4)和式(7.2)代入式(7.3)可以反推出 OOK 调制方式下节点覆盖范围为[7]

$$r_{OOK,P} = \alpha \sqrt{-\frac{\eta \lambda P_t}{hc\xi R_b \ln(2P_e)}} \tag{7.5}$$

在量子噪声有限的情况下，采用 PPM 方式的误码率可表示为[7]

$$P_e = e^{-\lambda_s} - \frac{1}{K}e^{-\lambda_s} \tag{7.6}$$

对应的单个脉冲信号周期内接收端的光子到达率 λ_s 为[7]

$$\lambda_s = \frac{\eta P_t}{LR_s(hc/\lambda)} \tag{7.7}$$

其中，$R_s = R_b / \log_2 k$，其他参数均与式(7.4)中的参数意义相同，同样将式(7.7)和式(7.3)代入式(7.6)可以反推出 PPM 方式下节点覆盖范围[7]：

$$r_{PPM,P} = \alpha \sqrt{-\frac{\eta \lambda P_t \log_2 M}{hc\xi R_b \ln[MP_e/(M-1)]}} \tag{7.8}$$

其中，M 为码长，式中参数取值如图表 7.3 所示。

表 7.3　公式中各参数取值

参数	ξ	η	P_e	λ	H	c
数值	62A/W	0.045	10^{-6}	250nm	6.62×10^{-34}	3.0×10^8

7.1.3　无线紫外光网络连通性

利用图论来描述无线紫外光多跳通信网络，图由顶点和边组成，用 G 表示，$G=\{V,E\}$，其中 V 是非空集合的顶点集，E 是顶点之间边的集合。图 G 的边分为有向边或无向边。若图中的边均为无向边，称该图为无向图，若图中的边均为有向边，则称为有向图。

在无线紫外光多跳通信网络中，节点的度 $d(u)$ 是指和该节点相连接的边的条数(即在其范围内的邻节点的数目)，孤立节点的节点度为空节点度，网络的最小节点度用 d_{min} 表示。网络中任意一对节点之间都有路径，网络就是全连通的[9]。节点密度 $\rho=n/A$，A 为网络覆盖面积，当网络完全连通时，节点密度越小，网络覆盖面积越大。设节点密度为 ρ，节点传输距离为 r_0，节点的数目为 n，则紫外光多跳通信网络的连通概率 P 为[10]

$$P(d_{min} > 0) = \left(1 - e^{-\pi \rho r_0^2}\right)^n \tag{7.9}$$

在一个无线紫外光多跳通信网络中，每个节点的最小节点度 $(d_{min} \geqslant k)$ 的概率为[10]

$$P(d_{\min} \geqslant k) = \left[1 - \sum_{i=0}^{k-1} \frac{\left(\pi \rho r_0^2 \right)^i}{i!} \cdot e^{-\pi \rho r_0^2} \right]^n \tag{7.10}$$

当任意两个节点之间都有路径时网络就是连通的。同样，当任意两个节点之间存在 k 个相互独立的路径，网络就是 k 连通的 $(k \geqslant 1)$[10]。$k=1$ 是紫外光网络连通的最低要求，因此本章以 $k=1$ 为基础进行研究，即

$$P(是1连通) = P(d_{\min} \geqslant 1) \tag{7.11}$$

7.1.4　仿真结果与分析

1. 垂直接收时网络 1 连通性能的仿真

图 7.2 仿真环境为 $\phi_1 = 17°$，$\phi_2 = 30°$，实现网络 1 连通，分别采用 OOK 调制与 4-PPM、8-PPM 方式，$P_e = 10^{-6}$，仿真发送仰角 θ_1 对网络最小覆盖范围 r_0、达到网络连通时的数据传输速率 R_b、发射功率 P_t 以及节点密度 ρ 的影响。

图 7.2(a)为发送仰角 θ_1 对最小覆盖范围 r_0 的影响，从图中可以看出两种调制方式下 r_0 的变化趋势基本一致，并且采用 PPM 方式比采用 OOK 调制方式时 r_0 偏大；图中三条曲线均在 $\theta_1 = 90°$，即 NLOS(a)类通信方式时 r_0 最小，采用 NLOS(b)类通信方式下的 r_0 均比 NLOS(a)大；采用 PPM 方式时，随着码长增加 r_0 增加，同一码长下 θ_1 为 90°时，r_0 仍最小。图 7.2(b)为发送仰角对网络连通时的数据传输速率 R_b 的影响，从图中可以看出两种调制方式下，R_b 变化趋势基本一致，在 θ_1 为 50°左右时 R_b 最大，在 90°时 R_b 最小；采用 PPM 方式时，R_b 更大，随着码长增加，曲线呈比例增加。图 7.2(c)为发送仰角对网络连通时所需的发射功率 P_t 的影响，从图中看出两种调制方式下网络连通时所需 P_t 变化趋势一致，与图 7.2(b)中曲线变化趋势相反，θ_1 为 50°左右时 P_t 最小，90°时 P_t 最大；采用 4-PPM 方式时 P_t 值偏小，随着码长增加，曲线呈比例减小。图 7.2(d)为发送仰角对网络连通时节点密度 ρ 的影响，由图可看出三条曲线的变化趋势与图 7.2(a)对应曲线相反，采用 PPM 方式时 ρ 值偏小，三条曲线均在 θ_1 为 90°(NLOS(a)类通信方式)时 ρ 值最大；PPM 时随着码长增加 ρ 减小，且同一码长下 θ_1 为 90°时，ρ 仍最大。

从图 7.2 可知，随着 θ_1 改变，最小覆盖范围 r_0、数据传输速率 R_b、发射功率 P_t 以及节点密度 ρ 四种性能参数均在 PPM 方式下更佳。由式(7.5)可知，对于 OOK 调制方式，随着发送仰角 θ_1 改变，各参数的变化趋势与路径损耗指数 α 和路径损耗因子 ξ 的变化趋势有关。由式(7.8)可知，PPM 方式下各参数的变化与路径损耗指数 α、路径损耗因子 ξ 和码长 M 有关。在发送仰角趋近 90°时，最小覆盖范围 r_0 和数据传输速率 R_b 最小，发射功率 P_t 和节点密度 ρ 最大，这

说明采用 NLOS(b)比 NLOS(a)类通信方式有更好的网络连通性能。

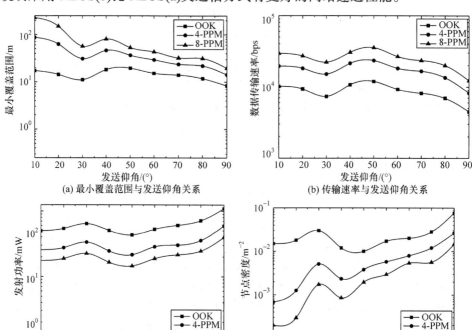

图 7.2　垂直接收, 网络连通时网络性能参数随发送仰角的变化($\phi_1=17°$, $\phi_2=30°$)

2. 定向发送-定向接收时网络 1 连通性能的仿真

图 7.3 的仿真环境为 $\phi_1=17°$, $\phi_2=30°$, 实现网络 1 连通, 采用 OOK 调制方式, $P_e=10^{-6}$, 仿真收发仰角 θ_1 和 θ_2 对网络最小覆盖范围 r_0、达到网络连通时的数据传输速率 R_b、发射功率 P_t 以及节点密度 ρ 的影响。

从图 7.3 可以看出, 当固定接收仰角 θ_2 时, 改变发送仰角 θ_1, 图 7.3(a)的节点所能达到的最小覆盖范围 r_0 与图 7.3(b)的数据传输速率 R_b 的变化趋势大致相同, 图 7.3(c)的发射功率 P_t 与图 7.3(d)的节点密度 ρ 的变化趋势也是大致相同的, 但后两者的变化趋势刚好与前两者相反。并且可以看出, 发送仰角 θ_1 在 20°~40°所对应的参数变化明显, 即在实践中调节发送仰角 θ_1 角度时, 若调节范围小于 40°, 需要微调; 发送仰角 θ_1 大于 40°, 各角度对应的参数变化范围不明显, θ_1 可适当大幅度调节。收发仰角均较小时, 网络连通时的各性能参数均较好。在本节研究角度范围内, 当发送仰角与接收仰角均为 20°时, 网络连通所能达到的最小覆盖范围 r_0 最大, 数据传输速率 R_b 最大, 所需发射功率 P_t 最小, 节点密度 ρ 也最小, 即网络利用率较高。

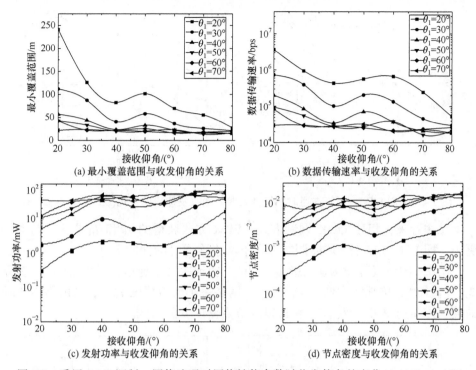

(a) 最小覆盖范围与收发仰角的关系

(b) 数据传输速率与收发仰角的关系

(c) 发射功率与收发仰角的关系

(d) 节点密度与收发仰角的关系

图 7.3　采用 OOK 调制，网络连通时网络性能参数随收发仰角的变化(ϕ_1=17°, ϕ_2=30°)

图 7.4 的仿真环境为ϕ_1=17°，ϕ_2=30°，实现网络 1 连通，采用 4-PPM 方式，P_e=10^{-6}，仿真收发仰角 θ_1 和 θ_2 对网络最小覆盖范围 r_0、达到网络连通时的数据传输速率 R_b、发射功率 P_t 以及节点密度 ρ 的影响。

从图 7.4 中可以看出，当采用 4-PPM 方式时，角度与各性能参数的关系与图 7.3(即采用 OOK 调制方式)一样。这说明调制方式并不影响收发仰角对 r_0、R_b、P_t 及 ρ 的变化趋势。但是采用 4-PPM 方式时，各参数的数值相比采用 OOK 调制方式有变化，图 7.4(a)和(b)中每个角度所对应的 r_0 和 R_b 都比图 7.3 对应数值要小，这是由于 PPM 方式比 OOK 调制方式有更高的效率。

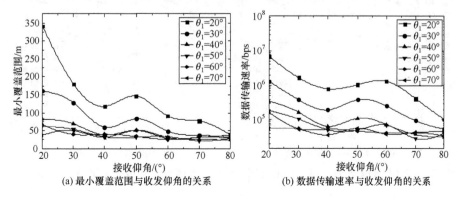

(a) 最小覆盖范围与收发仰角的关系

(b) 数据传输速率与收发仰角的关系

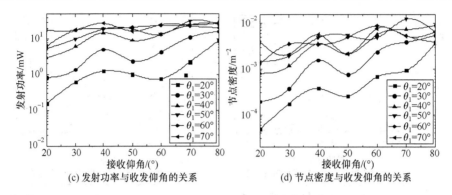

(c) 发射功率与收发仰角的关系　　　　(d) 节点密度与收发仰角的关系

图 7.4　采用 PPM，网络连通时网络性能参数随收发仰角的变化($\phi_1=17°$，$\phi_2=30°$)

　　总体看来，相比 OOK 调制方式，PPM 方式获得的 r_0 和 R_b 更大，P_t 和 ρ 更小，即 PPM 方式比 OOK 调制方式下网络连通时的性能更好。

　　图 7.5 的仿真环境为 $\phi_1=10°$，$\phi_2=30°$，实现网络 1 连通，采用 OOK 调制方式，$P_e=10^{-6}$，仿真收发仰角 θ_1 和 θ_2 对网络最小覆盖范围 r_0、达到网络连通时的数据传输速率 R_b、发射功率 P_t 以及节点密度 ρ 的影响。

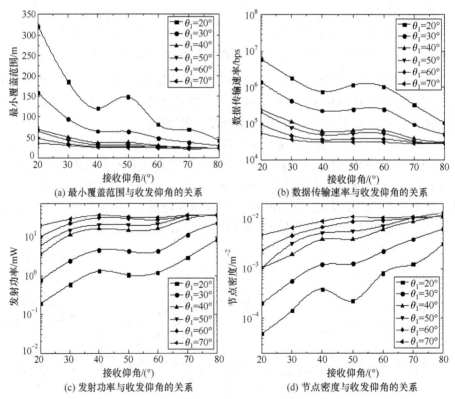

(a) 最小覆盖范围与收发仰角的关系　　　　(b) 数据传输速率与收发仰角的关系

(c) 发射功率与收发仰角的关系　　　　(d) 节点密度与收发仰角的关系

图 7.5　采用 OOK 调制，网络连通时网络性能参数随收发仰角的变化($\phi_1=10°$，$\phi_2=30°$)

可以看出图 7.5 比图 7.3 的曲线变化更具有规律性，这是由于当减小发送端视场角 ϕ_1 时，路径损耗也随之减小。图 7.5 中各发送角度相对应的性能参数曲线变化趋势与图 7.3 也基本一致，且变化趋势比相对应的图 7.3 的变化趋势更明显。但是图 7.5 中各角度所对应的最小覆盖范围 r_0、节点密度 ρ 均比图 7.3 中对应角度的要小，传输速率 R_b、发射功率 P_t 均比图 7.3 中对应角度的要大。这表明其他参数固定时，发送端发散角 ϕ_1 为 10°比 17°时，网络连通性更佳。

整体看来，当 $\phi_1=10°$，$\phi_2=30°$比 $\phi_1=17°$，$\phi_2=30°$时最小覆盖范围 r_0 更大，网络连通达到的数据传输速率 R_b 更大，所需发射功率 P_t 更小，节点密度 ρ 更小，即 $\phi_1=10°$，$\phi_2=30°$网络连通性能参数更佳。

结果表明：采用 NLOS(b)类通信方式比 NLOS(a)类通信方式的网络连通性能更好。采用 NLOS(c)类通信方式，收发仰角均为小角度时，网络连通时性能参数更佳。在实践中调节发送仰角 θ_1 角度时，若调节范围小于 40°时需要微调，大于 40°时可适当增大幅度调节。采用 PPM 方式比 OOK 调制方式的网络连通效率更高。该研究结果为紫外光网络在实践中的设计与实现提供了理论基础。

7.2 基于无人机编队的无线紫外光通信网络连通性分析

本节针对无人机的随机位点(random way-point，RWP)模型和圆周运动模型(cirde movement based model，CMBM)，推导出了 OOK 和 PPM 两种调制方式下机载紫外光网络 k 连通概率与无人机节点密度、紫外信号发射功率以及数据传输速率的关系表达式，并进行了数值仿真分析。最终给出了满足网络 2 连通时，系统参数选择的最佳方案。

7.2.1 机载无线紫外光节点通信距离

为了更方便地研究机载无线紫外光通信网络，本节假设机载通信均采用NLOS(a)类通信模式，无人机间通信链路几何图如图 7.6 所示，点 A 和点 B 分别代表两架无人机，机上装载着无线紫外光通信系统，发送仰角和接收仰角均为 90°，发射端 A 发射发散角为 ϕ_1 的紫外光束，其功率传输高度极限为 h，ϕ_2 为接收端 B 的接收视场角，其覆盖区域投影到地面是一个半径为 $h \cdot \tan\left(\dfrac{\phi_1}{2}\right)$ 的圆形区域。

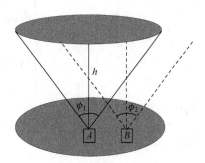

图 7.6　无人机间紫外光 NLOS(a)类通信链路几何图

本节假定无人机在低空空域(<3km)执行

任务，大气中的气体分子和气溶胶颗粒的散射和吸收作用使得紫外光信号严重衰减。Chen 等[10]经过大量的实验测试，提出了无线紫外光通信的路径损耗模型，在近距离通信时，一般不考虑衰减因子对路径损耗的影响，则路径损耗简化表达式如式(7.12)所示：

$$L = \xi r^{\alpha} \tag{7.12}$$

其中，L 是路径损耗；r 是通信距离；ξ 为路径损耗因子；α 为路径损耗指数。α 和 ξ 的值与发散角 ϕ_1、发送仰角 θ_1、接收视场角 ϕ_2、接收仰角 θ_2 有关，当 $\theta_1 = \theta_2 = 90°$，$\phi_1 = 17°$，$\phi_2 = 30°$ 时，路径损耗因子 $\xi = 1.6 \times 10^9$，路径损耗指数 $\alpha = 1.23$。

网络节点通信范围取决于调制和编码方式，常用的调制方式有 OOK 调制和 PPM 两种[11]。忽略背景噪声，采用 OOK 调制和 PPM 方式误码率表达式如式(7.13)所示[12]：

$$\begin{cases} P_{\text{e-OOK}} = \dfrac{1}{2} e^{-\lambda_s} \\ P_{\text{e-PPM}} = e^{-\lambda_s} - \dfrac{1}{K} e^{-\lambda_s} \end{cases} \tag{7.13}$$

其中，λ_s 为单个脉冲信号周期内接收端的光子到达率，可表示为[13]

$$\begin{cases} \lambda_{\text{s-OOK}} = \dfrac{\eta P_t}{LR_b hc/\lambda} \\ \lambda_{\text{s-PPM}} = \dfrac{\eta P_t}{LR_s (hc/\lambda)} \end{cases} \tag{7.14}$$

其中，$R_s = R_b / \log_2 k$；λ 为波长；η 为滤光片和光电探测器的量子效率；P_t 为发射功率；R_b 为通信速率；h 是普朗克常量。将式(7.14)和式(7.12)代入式(7.13)可以反推出两种调制方式下节点覆盖范围为[13]

$$\begin{cases} R_{\text{OOK}} = \alpha \sqrt{-\dfrac{\eta \lambda P_t}{hc \xi R_b \ln(2P_e)}} \\ R_{\text{PPM}} = \alpha \sqrt{-\dfrac{\eta \lambda P_t \log_2 M}{hc \xi R_b \ln\left(\dfrac{MP_e}{M-1}\right)}} \end{cases} \tag{7.15}$$

其中，M 为符号长度。

7.2.2　无人机运动模型

移动模型定义了移动节点的运动轨迹，反映了节点的速度变化和具体位置变化。节点位置的改变会导致网络拓扑变化，从而使得拓扑图中旧通信链路的断开以及新链路的创建。因此移动模型对于动态网络性能的评价具有重要的意义。Paparazzi UAV 是一个开源的飞机软硬件平台，主要研究涉及自动驾驶系统、多旋翼无人机、固定翼无人机、直升机和混合动力飞机等。Paparazzi 专家提出无人机有五种运动模型：圆周型，无人机绕着一个固定点盘旋；位-点型，无人机沿着一条直线前往目的地；8 字型，无人机飞行轨迹为"8"形；扫描型，无人机采用往返方式对某一区域进行扫描；椭圆型，无人机运动轨迹为一个椭圆，具体示意图如图 7.7 所示。

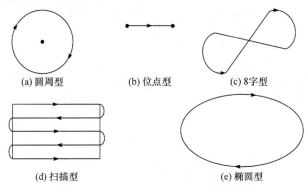

图 7.7　Paparazzi 无人机运动模型[14]

　　所有的运动状态会有不同的出现概率，根据 Paparazzi 专家统计：圆周型、椭圆型和扫描型是无人机飞行期间采用最多的模式，8 字型和位-点型出现的情况则较少。本节则主要对无人机采用 RWP 模型和 CMBM 时的机载紫外光网络特性进行研究。

1. RWP 模型

　　RWP 模型是现有的移动模型中，被研究最多的一种。如图 7.8 所示，节点在区域 D 内独立运动，假设节点有一个初始位置 (x_0, y_0)，一个目的位置 (x_1, y_1) 和一个特定的速度 v，其中 (x_0, y_0)、(x_1, y_1) 的选取各自独立。节点到达目的位置 (x_1, y_1) 后，将被分配一个新的目的位置和新的速度继续运动，新目的位置点的选取在区域 D 内服从均匀分布，同样，新速度从速度分布中独立选取。在到达一个目的点后，可能会存在一个短暂的"思考时间"。

　　本节考虑无人机节点运动区域为单位圆，"思考时间"值为 0。讨论节点的分布问题，即

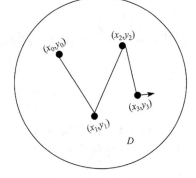

图 7.8　RWP 运动模型

求概率密度函数 $f(r)$。因为单位圆中，概率密度函数只和距离 $r=|r|$ 有关，具有对称性，所以可将 $f(r)$ 简化为 $f(|r|)=f(r)$。

定义 $a_1=a_1(r,\phi)$ 为 ϕ 方向上节点距圆周边界的距离，$a_2(r,\phi)=a_1(r,\phi+\pi)$ 为反方向上节点距圆周边界的距离，示意图如图 7.9 所示。其中 r 为节点距原点距离，可以得出：

$$\begin{cases} a_1(r,\phi)=\sqrt{1-r^2\cos^2\phi}-r\sin\phi \\ a_2(r,\phi)=\sqrt{1-r^2\cos^2\phi}+r\sin\phi \end{cases} \tag{7.16}$$

则有 $a_1a_2=1-r^2$ 且 $a_1+a_2=2\sqrt{1-r^2\cos^2\phi}$。

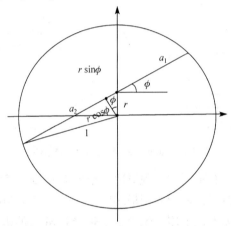

图 7.9　单位圆中 a_1 和 a_2 示意图

文献[15]推导出 RWP 模型下，节点的概率密度函数满足：

$$f(r)=\frac{h(r)}{\int_D h(r)\mathrm{d}^2r} \tag{7.17}$$

其中，$h(r)=\int_0^\pi a_1a_2(a_1+a_2)\,\mathrm{d}\phi$，则有

$$h(r)=2(1-r^2)\int_0^\pi\sqrt{1-r^2\cos^2\phi}\,\mathrm{d}\phi \tag{7.18}$$

这是第二类的椭圆积分，不能用基本函数来表达。但是，可以用一个封闭形式的归一化常数来估计：

$$C=\int_D h(r)\mathrm{d}^2r=2\pi\int_0^1 rh(r)\mathrm{d}r=\frac{128\pi}{45}=8.93 \tag{7.19}$$

因此概率密度函数可以简化为

$$f(r) = \frac{h(r)}{C} = \frac{45(1-r^2)}{64\pi}\int_0^\pi \sqrt{1-r^2\cos^2\phi}\,\mathrm{d}\phi \tag{7.20}$$

2. CMBM

无人机在执行巡逻或搜捕任务时，常需要盘旋在特定区域上空进行周期性的活动，王伟等提出了适合于无人机实际运动的两种运动模型：CMBM[16]和半随机圆周运动(semi-random circular movement, SRCM)模型[17]。本节重点讨论 CMBM 下的无人机网络连通性。假定无人机具有自主导航系统，可以规避障碍物，无人机飞行在固定高度，且不考虑起飞和着陆过程，CMBM 如图 7.10 所示。

模型假定：①所有无人机节点动态行为独立同分布；②无人机的运动范围限制在圆心为 O 的单位圆上，无人机上装有传感器，可以感知到距圆心 O 的距离以及距其他无人机间的距离；③无人机节点能确定其移动方向和目的地。

移动开始时，无人机 $i(r_i,\theta_i)$ 随机选择圆中某点作为目的节点，从起点移动到终点的过程称为 Step，则第 i 个 Step 包含两个过程：①半径方向移动过程，无人机以速率 $v_i(m/s)$ 从

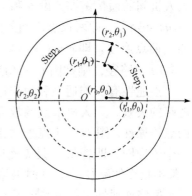

图 7.10　CMBM 示意图

(r_{i-1},θ_{i-1}) 点沿半径方向移动到 (r_i,θ_{i-1}) 点，直线移动距离 $\mathrm{SLL}=|r_i-r_{i-1}|$ m，则花费时间 $T_{Ri}=|r_i-r_{i-1}|/v_i$ s。②圆周移动过程，无人机在 (r_i,θ_{i-1}) 处以线速度 v_i 沿半径 r_i 的圆周做匀速圆周运动，直至目的点 (r_i,θ_i)，就完成一个 Step，移动弧长 $\mathrm{SAL}_i=|\theta_i-\theta_{i-1}|r_i$ m，所用时间 $T_{Ai}=|\theta_i-\theta_{i-1}|r/v_i$ s。当无人机节点到达目的点以后，暂停 T_{Pi} 时间段后分别在 $[0,R]$ 和 $[v_{\min},v_{\max}]$ 内选择下一次 Step_{i+1} 的半径 r_{i+1} 和移动速率 v_{i+1}，r_{i+1} 和 v_{i+1} 分别服从 $[0,R]$ 和 $[v_{\min},v_{\max}]$ 上的均匀分布，继续按照相同的规则运动到第二个目的点。假定暂停时间 $T_{Ai}=0$，无人机运动速度 $v_{\max}=v_{\min}=v$，无人机在圆周上逆时针运动，文献[17]给出了定理 7.1。

定理 7.1 $f_{XY}(x,y) = \mu Z\Big[\pi(R^2-Z^2)+2\big(\pi-\arctan(y/x)\big)^2(2Z+R^2-Z^2)\Big]$ (7.21)

其中，$Z=\sqrt{x^2+y^2}$；$R=1$；$x\neq 0$；μ 为正常数。转化为极坐标形式如式(7.22)：

$$f(r,\theta) = \mu r \left[\pi \left(1 - r^2\right) + 2(\pi - \theta)^2 \left(2r + 1 - r^2\right) \right] \tag{7.22}$$

其中，μ 为正常数；$|r| \le 1$；(r,θ) 为极坐标下的无人机位置。

7.2.3　网络 k 连通概率的近似计算方法

1. 基本概念

假设基于无线紫外光通信的无人机编队为二维平面同构网络，每架无人机有唯一的 ID 号，编队中各无人机在能耗、参数指标和配置等方面均相同。机载紫外光通信工作在 NLOS(a) 类工作模式下，发射机最大发射功率固定且相同，即无人机节点的最大通信距离相同。因此无人机编队网络可以抽象为一个图 $G(V,E)$，其中 V 是顶点集，表示编队中的无人机节点，E 是边集，表示编队中无人机间的通信链路。设 u 和 v 是图 $G(V,E)$ 的两个顶点，若在 $G(V,E)$ 中存在一条 (u, v) 路径，即两顶点之间的欧氏距离小于或等于节点最大通信距离，则称 u 和 v 两点连通，即 $e(u,v) \in E$。若图 $G(V,E)$ 中任意两个不同的顶点 u 和 v 都有一条 (u, v) 路径，则称图 $G(V,E)$ 是连通的。

连通性有点连通性和边连通性两种。无人机编队中，相比较无人机间通信链路的失效，无人机节点的故障对编队拓扑影响更大，因此本章主要研究网络的点连通性。图 G 的 k 点连通指的是，当去掉任意 $k-1$ 个顶点后，图 G 仍然是一个连通图，即若图 G 是 k 连通的，那么对于任意节点对，它们之间至少存在 k 条不相交的路径。$k=1$ 时网络简单连通，$k \ge 2$ 时网络抗毁性好。

网络连通性是保证整个无人机编队节点能够收发信息的前提，无人机通信网络通常要求达到多连通，但是要维护 k 连通 $(k \ge 3)$ 网络需要大量的资源，而 2 连通网络已经具有一定的容错能力。因此本章分析了节点密度、发射功率以及数据传输速率对网络 k 连通特性的影响后，给出了配置 2 连通网络的最佳参数选择。

2. k 连通概率计算

二维网络 k 连通的概率目前还没有精确的计算方式，通常网络 k 连通的概率近似于网络中所有节点有至少 k 个邻节点的概率[18]。对于具有 n 个节点的网络，当 $n \gg 1$ 且网络最小度为 k 的概率 $P(d_{min} \ge k)$ 接近 1 时，$P(G\text{是}k\text{连通}) = P(d_{min} \ge k)$。Bettstetter[19] 给出了当节点均匀分布时网络最小度为 n_0 的概率计算公式：

$$P(d_{min} \ge n_0) = \left(1 - \sum_{N=0}^{n_0-1} \frac{(\rho \pi r_0^2)^N}{N!} \cdot e^{-\rho \pi r_0^2} \right)^n \tag{7.23}$$

其中，节点密度 $\rho = n/A$，A 为节点活动区域面积 $\left(A \gg \pi r_0^2\right)$；$r_0$ 为节点通信半径。忽略边缘效应时，网络 k 连通的概率如下：

$$P(G是k连通) = P(d_{\min} \geqslant k) = \left(1 - \sum_{N=0}^{k-1} \frac{(\rho\pi r_0^2)^N}{N!} \cdot \mathrm{e}^{-\rho\pi r_0^2}\right)^n \tag{7.24}$$

为方便计算，本节考虑无人机节点运动在单位圆内。对于无人机节点 $i(r_i, \theta_i)$，采用无线紫外光 NLOS(a) 类通信方式，其通信覆盖区域为以 $i(r_i, \theta_i)$ 为圆心，通信距离 d 为半径的圆形区域 $B_d(r_i, \theta_i)$，如图 7.11 所示。

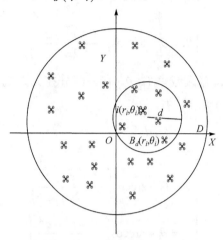

图 7.11　无人机飞行网络模型

首先，需要计算出其他任意一个节点落入无人机 i 通信覆盖范围 $B_d(r_i, \theta_i)$ 内的概率 $p(r_i, \theta_i, d)$。当无人机 $i(r_i, \theta_i)$ 距原点 O 的距离 r_i 大于其最大通信距离 d 时，即 $r_i \geqslant d$ 的网络模型如图 7.12 所示。

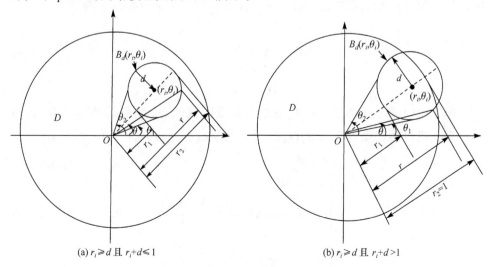

(a) $r_i \geqslant d$ 且 $r_i + d \leqslant 1$　　　　　　(b) $r_i \geqslant d$ 且 $r_i + d > 1$

图 7.12　$r_i \geqslant d$ 的网络模型

图 7.12(a)表示无人机的通信覆盖区域 $B_d(r_i,\theta_i)$ 在无人机运动区域 D 内，即 $r_i+d\leqslant1$，则有

$$\begin{cases} r_1 = r_i - d \\ r_2 = r_i + d \\ \theta_1 = \theta_i - \arccos\left(\dfrac{r^2 + r_i^2 - d^2}{2rr_i}\right) \\ \theta_2 = \theta_i + \arccos\left(\dfrac{r^2 + r_i^2 - d^2}{2rr_i}\right) \end{cases} \tag{7.25}$$

当无人机的通信覆盖区域 $B_d(r_i,\theta_i)$ 有一部分在无人机运动区域 D 外时，即 $r_i+d>1$，如图 7.12(b)所示，有

$$\begin{cases} r_1 = r_i - d \\ r_2 = 1 \\ \theta_1 = \theta_i - \arccos\left(\dfrac{r^2 + r_i^2 - d^2}{2rr_i}\right) \\ \theta_2 = \theta_i + \arccos\left(\dfrac{r^2 + r_i^2 - d^2}{2rr_i}\right) \end{cases} \tag{7.26}$$

当 $r_i<d$，如图 7.13 所示，即原点 O 在无人机 $i(r_i,\theta_i)$ 的通信覆盖区域 $B_d(r_i,\theta_i)$ 内。

图 7.13(a)表示无人机 $i(r_i,\theta_i)$ 的通信覆盖区域 $B_d(r_i,\theta_i)$ 在无人机运动区域 D 内，且其他任意无人机都运动在区域 $B_d(r_i,\theta_i)$ 内，即 $r\in(0,d-r_i)$ 有

$$\begin{cases} r_1 = 0 \\ r_2 = d - r_i \\ \theta_1 = 0 \\ \theta_2 = 2\pi \end{cases} \tag{7.27}$$

图 7.13(b)表示无人机 $i(r_i,\theta_i)$ 的通信覆盖区域 $B_d(r_i,\theta_i)$ 在运动区域 D 内，且其他无人机可能运动到区域 $B_d(r_i,\theta_i)$ 外，即 $r\in(d-r_i,d+r_i)$，$d+r_i\leqslant1$ 有

$$\begin{cases} r_3 = d - r_i \\ r_4 = r_i + d \\ \theta_3 = \theta_i - \arccos\left(\dfrac{r^2 + r_i^2 - d^2}{2rr_i}\right) \\ \theta_4 = \theta_i + \arccos\left(\dfrac{r^2 + r_i^2 - d^2}{2rr_i}\right) \end{cases} \tag{7.28}$$

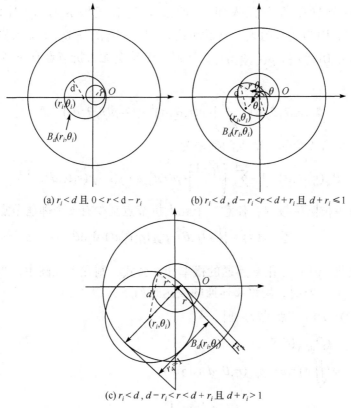

(a) $r_i < d$ 且 $0 < r < d - r_i$　　　　　(b) $r_i < d$, $d - r_i < r < d + r_i$ 且 $d + r_i \leqslant 1$

(c) $r_i < d$, $d - r_i < r < d + r_i$ 且 $d + r_i > 1$

图 7.13　$r_i < d$ 的网络模型

图 7.13(c)表示无人机的通信覆盖区域 $B_d(r_i, \theta_i)$ 有一部分在无人机运动区域 D 外，即 $r \in (d - r_i, d + r_i)$ 且 $d + r_i > 1$ 有

$$\begin{cases} r_3 = d - r_i \\ r_4 = 1 \\ \theta_3 = \theta_i - \arccos\left(\dfrac{r^2 + r_i^2 - d^2}{2rr_i}\right) \\ \theta_4 = \theta_i + \arccos\left(\dfrac{r^2 + r_i^2 - d^2}{2rr_i}\right) \end{cases} \tag{7.29}$$

因此概率 $p(r_i, \theta_i, d)$ 的表达式如式(7.30)：

$$p(r_i, \theta_i, d) = \begin{cases} \displaystyle\int_{r_1}^{r_2} \mathrm{d}r \int_{\theta_1}^{\theta_2} f(r, \theta) r \mathrm{d}\theta, & r_i \geqslant d \\ \displaystyle\int_{r_1}^{r_2} \mathrm{d}r \int_{\theta_1}^{\theta_2} f(r, \theta) r \mathrm{d}\theta + \int_{r_3}^{r_4} \mathrm{d}r \int_{\theta_3}^{\theta_4} f(r, \theta) r \mathrm{d}\theta, & r_i < d \end{cases} \tag{7.30}$$

任意一个节点落在无人机 i 的通信覆盖区域 $B_d(r_i,\theta_i)$ 外的概率是 $1-p(r_i,\theta_i,d)$。因为所有的无人机运动独立，则区域 $B_d(r_i,\theta_i)$ 中无人机节点个数服从二项分布 $\mathrm{Bin}(n-1,p(r_r,\theta_i,d))$，所以一个给定无人机节点有 k 个邻居节点的概率为

$$P_k(r,\theta_i,d)=\binom{n-1}{k}\cdot p(r,\theta_i,d)^k\cdot(1-p(r,\theta_i,d))^{n-1-k} \tag{7.31}$$

则该节点至少有 k 个邻居节点的概率为

$$P_{>k}(r_i,\theta_i,d)=1-\sum_{i=0}^{k-1}\binom{n-1}{i}\cdot p(r,\theta_i,d)^i\cdot(1-p(r,\theta_i,d))^{n-1-i} \tag{7.32}$$

因此在单位圆区域内，任意一个无人机节点至少有 k 个邻居节点的概率为

$$Q_{n,>k}(d)=\iint_D f(r,\theta)\cdot p_{>k}(r_i,\theta_i,d)r\mathrm{d}r\mathrm{d}\theta \tag{7.33}$$

结合文献[20]中网络 k 连通的概率计算公式，则在单位圆中，当节点概率密度函数为 $f(r,\theta)$ 时，网络 k 连通的表达式如下：

$$
\begin{aligned}
P(d_{\min}>k) &= P\{n\text{节点是}k\text{连通}\}\\
&\approx (Q_{n,>k}(d))^n\\
&=(\iint_D f(r,\theta)\cdot p_{>k}(r_i,\theta_i,d)r\mathrm{d}r\mathrm{d}\theta)^n\\
&=(\int_0^{2\pi}\mathrm{d}\theta\int_0^1 f(r,\theta)\left(1-\sum_{i=0}^{k-1}\binom{n-1}{i}\cdot p(r,\theta_i,d)^i\cdot(1-p(r,\theta_i,d))^{n-1-i}\right)r\mathrm{d}r)^n
\end{aligned}
$$

$$\tag{7.34}$$

当节点运动服从 RWP 模型时，$f(r)$ 表达式如式(7.20)所示；当节点运动服从 CMBM 时，$f(r,\theta)$ 表达式如式(7.22)所示。

7.2.4　仿真结果与分析

由于机载紫外光网络的连通性概率计算公式中存在四重积分，难以直接计算积分结果，本节在 MATLAB 环境中利用数值积分方法获得计算理论值。仿真中采用的紫外光源为紫外激光器，功率可达 2W，无人机运动区域是半径为 1km 的单位圆，具体网络模型参数如表 7.4 所示。

表 7.4　网络模型参数

参数名称	具体数值
波长/nm	250
发射功率/W	2
路径损耗指数	1.6×10^9

续表

参数名称	具体数值
路径损耗指数	1.23
数据传输速率/Kbps	10
误码率/dB	10^{-3}
发送仰角/(°)	90
接收仰角/(°)	90
发散角/(°)	17
接收视场角/(°)	30
滤光片和光电探测器的量子效率	0.045
PPM 符合长度/M	4

1. RWP 模型的仿真结果与性能分析

本节仿真分析当无人机节点按照 RWP 模型运动时，网络连通性与网络参数的关系。首先仿真分析了节点密度对网络连通性的影响，结果如图 7.14 所示。其中，紫外激光器发射功率 P_t=2W，数据传输速率 R_b=10Kbps。

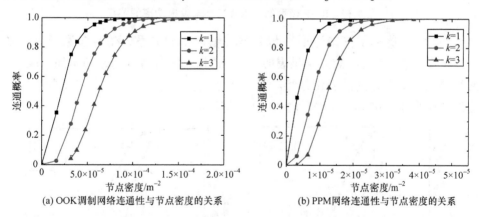

(a) OOK调制网络连通性与节点密度的关系　　　(b) PPM网络连通性与节点密度的关系

图 7.14　RWP 模型的网络连通性与节点密度的关系

仿真结果表明，采用 OOK 调制和 PPM 时，网络的 k 连通性都随节点密度的增加而增大；当连通概率一定时，为了得到更大的 k 值，则需要部署更多的节点。由于无人机网络的抗毁性要求其满足 2 连通，图 7.14(a)表明采用 OOK 调制方式，当节点密度 ρ=1.2096×10^{-4} 时，网络 2 连通的概率达到了 99%，即在半径为 1km 的圆形区域中，至少部署 380 个无人机节点，才可保证无人机网络的 2 连通。图 7.14(b)表明当采用 PPM 方式时，至少部署 80 个无人机节点，才可保证无人机网络的 2 连通。

紫外光发射功率对网络连通性的影响如图 7.15 所示。在两种调制方式下，节点个数 n=500，数据传输速率 R_b =10Kbps，其他参数如表 7.4 所示，仿真结果表明发射功率越大，单节点通信距离越远，网络的 k 连通性能越好。图 7.15(a) 表明采用 OOK 调制方式，紫外光发射功率大于 1.8W 时，无人机网络可达近似 2 连通。对比图 7.15(a)和(b)可知，采用 PPM，网络 2 连通概率达到 99%时所需的发射功率要更小于 OOK 调制。

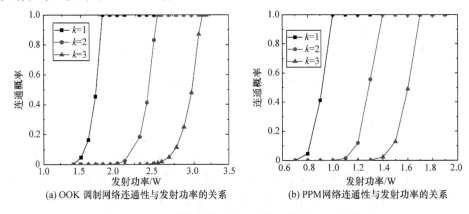

(a) OOK 调制网络连通性与发射功率的关系 (b) PPM网络连通性与发射功率的关系

图 7.15　RWP 模型的网络连通性与发射功率的关系

图 7.16 仿真了网络连通性与数据传输速率的关系，仿真参数节点个数 n=500，发射功率 P_t=2W。结果表明，k 连通概率随着数据速率的增加而减小，两种调制方式有相同的变化趋势。为了得到 2 连通网络，OOK 调制下的数据传输速率应小于 10Kbps，PPM 下应小于 20Kbps。

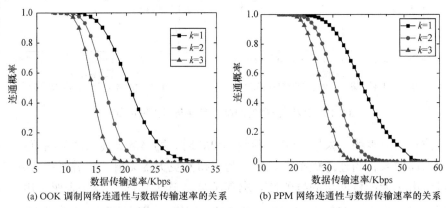

(a) OOK 调制网络连通性与数据传输速率的关系 (b) PPM 网络连通性与数据传输速率的关系

图 7.16　RWP 模型的网络连通性与数据传输速率的关系

2. CMBM 的仿真结果与性能分析

本节仿真分析当无人机节点按照 CMBM 运动时，网络连通性与网络参数的关系。大多数参数的选取见表 7.4。分别对比图 7.14 和图 7.17，图 7.15 和图 7.18，图 7.16 和图 7.19。结果表明，两种运动模型下，网络连通性有着相似的变化趋势，即网络连通概率都随着节点密度和发射功率的增大而增大，随着数据传输速率的增大而减小。

对比 RWP 模型，无人机按照 CMBM 运动需要更大的节点密度和发射功率。本节对均匀分布节点、RWP 模型运动节点和 CMBM 运动节点三种情况下的网络连通性进行了对比分析，结果如表 7.5 所示，各参数为网络 2 连通概率达到 99%以上时的参数值。

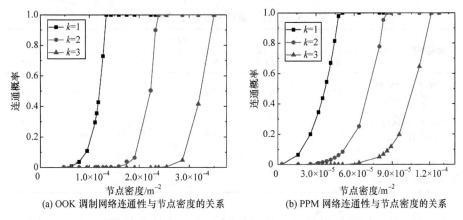

(a) OOK 调制网络连通性与节点密度的关系　　(b) PPM 网络连通性与节点密度的关系

图 7.17　CMBM 的网络连通性与节点密度的关系

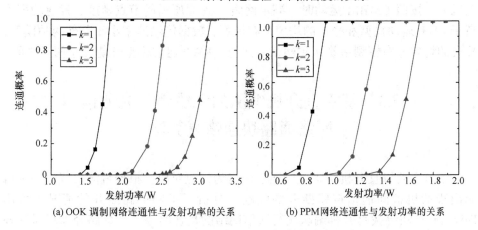

(a) OOK 调制网络连通性与发射功率的关系　　(b) PPM网络连通性与发射功率的关系

图 7.18　CMBM 的网络连通性与发射功率的关系

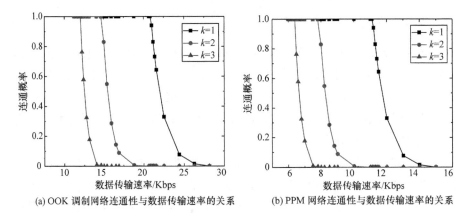

(a) OOK 调制网络连通性与数据传输速率的关系　　(b) PPM 网络连通性与数据传输速率的关系

图 7.19　CMBM 的网络连通性与数据传输速率的关系

表 7.5　三种节点分布下的 2 连通性

运动模型调制方式	均匀分布		RWP		CMBM	
	OOK	PPM	OOK	PPM	OOK	PPM
P_t =2W, R_b =10Kbps 节点个数 n	130	50	380	80	730	270
n=500, R_b =10Kbps 发射功率 P_t /W	0.95	0.5	1.8	1.0	2.6	1.4
P_t =2W, n=500 数据传输速 R_b /Kbps	21	40	10	20	8	15

表 7.5 中的数值结果显示，移动性降低了网络的连通概率；三种模型中无人机节点按照 CMBM 运动时，满足网络 2 连通所需的节点密度、发射功率均高于 RWP 运动模型和静止的均匀分布模型，数据传输速率小于其他两种模型；静态的均匀分布模型最易达到网络 2 连通；RWP 运动模型性能介于两者之间。

7.3　基于直升机编队的无线紫外光通信
网络通路快速恢复算法

本节主要以直升机编队飞行通信网络为研究对象，根据编队飞行过程中可能出现的机群间通信链路断开的问题，分析了不同链路断开的情况。采用 Dijkstra 算法寻找直升机编队飞行通信网络的最佳路径，考虑路径损耗对紫外光通信的影响，以路径损耗作为路径权值。在保证网络连通的前提下，提出了一种当网络中节点链路断开时快速恢复通路的算法，仿真了平均迭代次数和平均收敛时间两个性能指标，将其与链路重寻所产生的平均迭代次数和平均收敛时间进行对比，并验证了该算法的可行性。

多架飞机采用一定的编队飞行执行不同任务时，机群间彼此通信分享位置及其他信息，当某机载直升机需要向相对距离较远的目标直升机传递信息时，需要寻找一条经过其他直升机的最短路径传递机群内部信息。在纪念中国人民抗日战争暨世界反法西斯战争胜利 70 周年阅兵式上，直升机编队数量已达到 20 架，是有史以来最大的一次编队飞行，如图 7.20 所示。

图 7.20　20 架直升机编队飞行队形

采用 15 架机载直升机分散式编队飞行结构如图 7.21 所示。编队队形中的每一架飞机都是平等的，按照一定的队形组成一个飞行编队，每个编队内部飞机节点地位相等，各自与在其通信范围内的飞机或其他多跳节点进行信息交换。

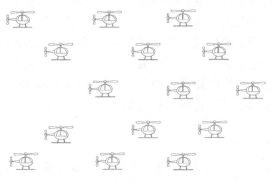

图 7.21　15 架直升机编队飞行结构

随机设定图 7.21 编队队形的机群间通信网络拓扑结构如图 7.22 所示。编号 1~15 分别表示 15 架直升机，在空中可采用多发多收的通信设备，并维持此时分布安全飞行。飞机之间的连线表示通信链路，两个节点之间的链路表示两个节点在彼此的通信范围之内可进行直接通信。图中任意两架飞机之间至少有一条链路是连通的。

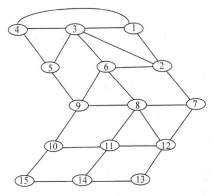

图 7.22　分散式编队飞行网络拓扑结构

救援直升机群在执行任务过程中，经过恶劣环境时需要机群内部彼此通信传递各自位置、周围环境信息以及彼此任务下达。在恶劣环境下极易发生事故而影响整个直升机群通信网络连通性，规避障碍也会使原来的某一通信链路发生中断。在其他背景环境下，直升机编队飞行通信网络也会出现节点丢失和链路中断情况。当任何一架直升机有脱离机群趋势时，整个直升机群通信网络拓扑发生变化，机载直升机群间最短通信路径发生中断。随机给定收发端空间角度参数，并随机产生路径权值即路径损耗，利用 Dijkstra 算法找出各节点之间的最短路径并存储在路径邻接表中。当网络中某一节点的某些链路断开时，对网络中经过该断开链路的最短路径造成影响，本章主要研究在网络结构发生变化后如何快速恢复机载直升机编队间通信路径。

7.3.1　基于最短路算法的网络最优路径

随着计算机网络技术和地理信息科学的发展，最短路径问题的作用体现在交通运输、城市规划、物流管理、网络通信等各个方面。因此，研究最短路径不仅在理论方面具有重要价值，在应用方面也同样具有非常重要的价值。通常将图论作为抽象以后的网络拓扑结构，将各场景下的最短路径问题简化为图论结构下的最短路径问题去研究。由于网络背景的不同，最短路径不单单是距离上的最短路径，在经济意义上可以是成本问题，时间意义上可以是时间长短问题，网络意义上可以是网络路径长短问题。目前由 Dijkstra 提出的 Dijkstra 算法是解决最短路径问题最广泛的求解方法。

1. Dijkstra 算法描述

在网络中求某一节点(源点)到其他各节点的最短路径时，采用 Dijkstra 算法将网络中节点分成未标记节点、临时标记节点和最短路径节点(即永久标记节点)三部分。在算法开始时，设定源节点为最短路径节点，其余均是未标记节点，算法流程图如图 7.23 所示。

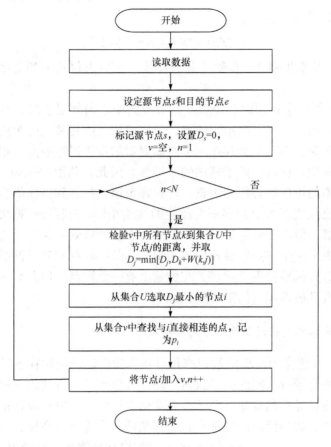

图 7.23　Dijkstra 算法流程图

算法步骤如下。

步骤 1：设带权的有向图为 G，以 arcs 表示 G 带有权值的邻接矩阵，邻接矩阵中的元素 arcs[i][j] 表示 $<v_i,v_j>$ 间的路径权值。arcs[i][j] 为无穷大，表示 $<v_i,v_j>$ 不存在。S 表示从节点 v 出发的最短路径的终点集合，初始化时设 S 为空集。式(7.35)为节点 v 到节点 v_i 可能达到的最短路径长度的初值：

$$D[j] = \text{arcs}[\text{Locate Vex}(G,v)[i]] \quad v_i \in V \tag{7.35}$$

步骤 2：选择节点 v_j，满足节点 v 到节点 v_j 的距离最短，即满足式(7.36)。v_j 是一条以 v 为源节点寻找到的最短路径的终点，将节点标记到 S 中。

$$D[j] = \min\{D[i] \big| v_i \in V - S\} \tag{7.36}$$

步骤 3：寻找节点到节点之间最短路径权值。若满足式(7.37)：

$$D[j] + \text{arcs}[j][k] < D[k] \tag{7.37}$$

则 $D[k]$ 取值如式(7.38)：

$$D[k] = D[j] + \text{arcs}[j][k] \tag{7.38}$$

步骤 4：重复步骤 2、步骤 3 共 $n-1$ 次。可以求得从 v 到其他各顶点的最短路径。

Dijkstra 算法求最短路径是以起始节点为中心向外层扩展，直到扩展到最后终点。当扩展了一个距离最短的点，便要更新其到相邻点的距离。当所有边的权值均为正时，由于不会存在一个距离更短的没扩展过的点，则该点的距离永远不再被改变，这也保证了算法的正确性。因此，利用 Dijkstra 算法求最短路径的拓扑图的边权值必须均为正，若存在负值，扩展到负权值会产生更短的距离，这与已经更新的点距离不会改变的性质相悖。Dijkstra 算法能得出最短路径的最优解，但由于它遍历计算的节点很多，所以效率很低，为避免较高的复杂度，它更适用于节点数目较少的网络。本节中机载直升机群通信网络中由于编队飞行直升机数量不宜过多，在数量上有一定限制，因此采用 Dijkstra 算法求解机载直升机群间通信最短路径。

2. 紫外光编队飞行通信网络中的路径权值

Dijkstra 算法作为经典的最短路径寻找方法广泛地应用在各种网络中，针对不同的网络背景有不同的路径权值，路径权值的不同直接影响网络连通的效果以及最短路径寻找的效率。在紫外光通信系统中，收发端及通信距离直接影响着路径损耗，通信距离的增加和收发仰角的增大均会导致路径损耗的增加；

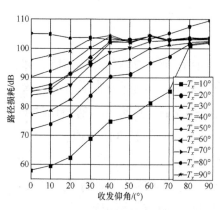

当接收视场角增加，路径损耗则会减小；在保证发射功率的情况下增加发送端的发散角，路径损耗也会随之增大，图 7.24 为收发仰角和路径损耗关系图[19]。本章将紫外光作为通信手段应用在直升机编队飞行群间通信，主要考虑紫外光通信路径损耗作为无线紫外光直升机编队飞行通信网络路径权值，即可以通信的机载直升机编队飞行网络路径损耗越小，则该无线紫外光直升机编队飞行通信网络路径权值越小。

图 7.24　收发仰角和路径损耗关系图

7.3.2　直升机编队飞行通信网络通路快速恢复算法

1. 链路断开问题

通路恢复算法主要针对当网络中某一节点与其他节点完全失去通信链路或者与邻节点失去一条或者几条链路的情况。网络拓扑原型为图 7.22。若刚好某一条最短路径经过节点 6，则以节点 6 为例使其与相连接的邻节点断开情况如图 7.25 所示。链路中断情况与节点 6 的节点度有关，节点度为与该节点相连接的节点数目。节点度为 n 时，中断情况为 $n-1$ 种，节点 6 的节点度为 4，则链路中断情况为图 7.25(a)～(c)三种情况，当 n 条链路全断开时，即为节点中断情况，如图 7.25(d)所示。

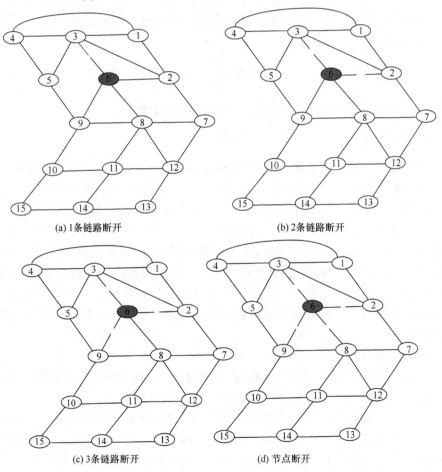

(a) 1 条链路断开　　　　　　　　　　(b) 2 条链路断开

(c) 3 条链路断开　　　　　　　　　　(d) 节点断开

图 7.25　链路断开情况

2. 算法性能

由于链路断开的随机性，一次试验并不能反映整体算法的真实性能，而要通过多次试验取其平均才能更好地反映算法的实用性与可靠性。本节主要通过平均收敛时间以及平均迭代次数两个性能指标对所采用的快速路径恢复算法进行评价。

(1) 平均收敛时间：反映算法的收敛速度，计算公式如式(7.39)所示：

$$\bar{T} = \sum_{i=1}^{N} t_i / N \tag{7.39}$$

其中，$\bar{T}$ 表示平均收敛时间；N 表示试验次数；t_i 表示第 i 次试验时算法的收敛时间。

(2) 平均迭代次数：反映算法寻找最优解的速度，用 num 来表示，计算公式如式(7.40)：

$$\text{num} = \sum_{i=1}^{N} n_i / N \tag{7.40}$$

其中，n_i 表示第 i 次试验的迭代次数；N 表示总的试验次数。

3. 算法描述

本节所涉及的通路快速恢复算法(path fast recovery algorithm, PFRA)是通过邻节点来快速重新建立新路径，在某一节点完全断开时，返回该节点的上一节点，重新寻找从上一节点开始到目的节点的最短路径。若断开的是某一节点的一条链路或者是几条链路时，从该节点重新寻找从该节点开始到目的节点的最短路径。本章所提出的直升机编队飞行通信网络 PFRA 流程图如图 7.26 所示，大体步骤可描述为首先通过初始化产生一个满足条件的直升机编队飞行通信网络拓扑图；然后寻找整个网络的任意两点之间最短路径，断开某一节点的链路并判断断开情况；最后根据邻接表中存储的节点关系更新源点，进行最短路径快速寻找。

算法步骤如下。

步骤 1：初始化各个参数，设直升机数目为 N，各收发端的空间角度为 θ_1、θ_2、ϕ_1 及 ϕ_2，机群网络拓扑图为 G，各节点的节点度为 $d(k)$。

步骤 2：根据式(7.12)计算节点 i 和节点 j 之间的路径损耗 $L[i][j]$，该路径损耗为网络路径权值。利用 Dijkstra 算法找出源节点 s 与目的节点 e 之间的路径损耗最小的通信路径 $\{s \rightarrow a \rightarrow d \rightarrow f \rightarrow k \rightarrow e\}$，即最短路径并存储在邻接表中。

步骤 3：判断网络节点 k 链路是否中断。若中断则进行步骤 4，否则，跳到步骤 8。

　　步骤 4：判断节点 k 的节点度 $d(k)$ 是否为 0。若是，则节点 k 丢失，进行步骤 5；否则，跳到步骤 6。

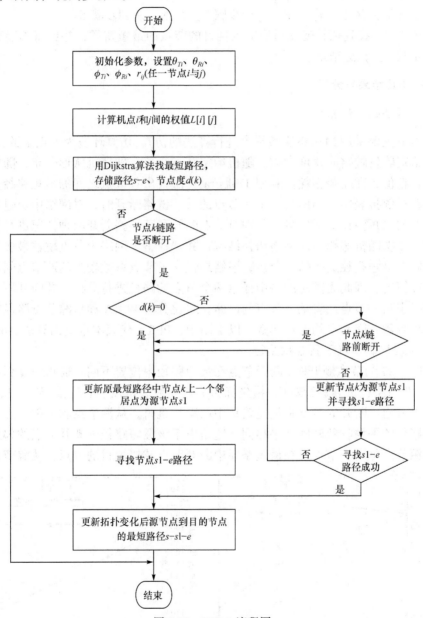

图 7.26　PFRA 流程图

　　步骤 5：在邻接表中查找经过节点 k 的最短路径邻节点关系，更新节点 k 前一跳节点 f 为此时源节点 $s1$，寻找节点 $s1$ 到节点 e 的最短路径，进行步骤 6。

步骤 6：判断断开链路是否为节点 k 链路前断开。若是，跳到步骤 5；否则，更新节点 k 为此时源节点并寻找节点 $s1$ 到节点 e 的最短路径；继续判断节点 $s1$ 到节点 e 是否存在，若存在，进行步骤 7；否则，跳到步骤 5。

步骤 7：找到拓扑变化后源节点到目的节点的最短路径，并更新邻接表。

步骤 8：算法结束。

7.3.3　仿真结果与分析

1. 算法性能仿真

本节主要采用 Matlab 实验平台进行算法的仿真，仿真环境为节点个数 $N=15$ 个，给定收发端空间角度参数，随机给定节点距离，即随机队形分布，随机产生路径权值，即路径损耗。利用 Dijkstra 算法找出各节点之间的最短路径并存储在路径邻接表中，当网络中某一节点的某些链路断开时，对网络中经过该断开链路的最短路径造成影响。分别对节点断开和某链路断开两种情况进行仿真对比，多次随机选择不同网络拓扑结构，并选择整个网络中节点跳数最多的两节点间的最短路径进行仿真分析，该结果包含了节点跳数较少的两节点间的最短路径情况，因此无需对网络中任意两个节点的路径进行分析。并断开所选最短路径中某一节点或者某一节点的链路，对比分析 PFRA 和从源节点路径重寻的平均收敛时间和平均迭代次数。以下图中，PFRA 代表本章提出算法，origin node 代表从源节点重新寻找路径。

图 7.27 为节点断开时，断开节点在最短路径中位置不同对通路恢复算法的影响，并与路径重寻进行对比，横坐标为节点在最短路径中的跳数。从图 7.27(a) 中可以看出，断开的节点是最短路径中的第一跳时，从源节点和上邻节点寻找最新路径的平均收敛时间几乎相同，这是由于该最短路径中断开节点的邻居节点与源节点是同一节点；在最短路径中断开节点越接近目的节点，从源节点重

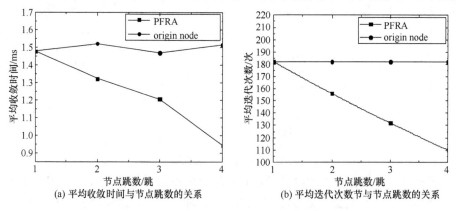

(a) 平均收敛时间与节点跳数的关系　　　(b) 平均迭代次数节与节点跳数的关系

图 7.27　节点断开时算法性能仿真结果

新寻找路径的平均收敛时间越趋于一条直线，几乎保持不变；而采用本章提出算法恢复路径时，断开节点越接近目的节点，路径恢复的平均收敛时间越大，但幅度减少。从图 7.27(b)中可以看出，当最短路径中断开节点接近目的节点时，从源节点重新寻找路径的平均迭代次数不变；而采用本章提出算法恢复路径时，路径恢复的平均迭代次数线性减少。

图 7.28 为采用 PFRA 与路径重寻所得到路径权值的对比。可以看出，断开节点接近目的节点时，采用本章提出路径恢复算法所得到的新路径权值并不一定是最短的，但是与从源节点重新寻找最短路径的权值相差不大，这说明该算法能在最短时间内进行路径的恢复，但是有时需要以路径权值变大为代价。

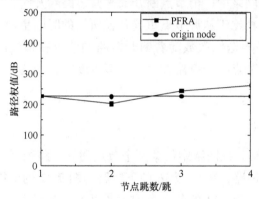

图 7.28　路径权值与节点跳数的关系

图 7.29 为某节点链路断开时，断开链路数对链路恢复算法的影响，并与路径重寻进行对比，横坐标为链路断开数。从图 7.29(a)中可以看出，随着断开链路数 n 增加，从源节点和邻节点寻找最新路径的平均收敛时间均趋于不变。这是由于断开链路只是影响网络拓扑权值，网络中需要遍历的节点数并未发生变化；而采用邻节点恢复路径算法比从源节点重寻最短路径的平均收敛时间短，

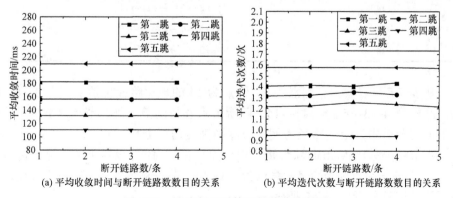

(a) 平均收敛时间与断开链路数数目的关系　　　(b) 平均迭代次数与断开链路数数目的关系

图 7.29　链路断开时算法性能仿真结果

这是由于当 n 小于该节点度 $d(k)$ 时，更新断开链路的节点为此时的源节点，同时原始源节点到此时的源节点路径已知，无需再遍历已知路径节点，因而网络路径恢复的平均收敛时间大幅度减少；断开链路的节点越接近目的节点，路径恢复所需要的时间越短。从图 7.29(b) 中可以看出，随着某一节点断开链路数的增加，两种路径恢复算法平均迭代次数均保持不变，这是由于 Dijkstra 算法平均迭代次数与节点数相关，与链路数无关。采用邻节点路径恢复算法的迭代次数比从源节点重寻路径而产生的迭代次数明显减少，这说明邻节点路径恢复算法有更低的复杂度。

综上所述，当网络中一个节点断开或是其链路断开时，采用本章提出的邻节点路径恢复算法相比于从源节点重寻路径所用的时间更短，迭代次数更少。平均收敛时间和平均迭代次数随着断开链路的节点在最短路径中的跳数位置的增加而减少，当节点断开链路数目小于节点度时，平均收敛时间和平均迭代次数不变。

2. 路径恢复分析

用 Dijkstra 算法寻找网络中任意两个节点间最短路径，对于 $A{\rightarrow}B{\rightarrow}C$ 形式，称 $A{\rightarrow}B$ 为 B 的上链路，$B{\rightarrow}C$ 为 B 的下链路。图 7.22 的网络拓扑结构中有 15 个节点，节点 3、6、8、11 的节点度均为 4 以上，对网络稳定性的影响相对较大，整个网络有 $A_{15}^2=210$ 条最短路径，最短路径节点的数最多为 6，如表 7.6 所示。

表 7.6　节点数最多的最短路径

起点	终点	最短路径
1	15	$1{\rightarrow}2{\rightarrow}6{\rightarrow}9{\rightarrow}10{\rightarrow}15$
1	14	$1{\rightarrow}2{\rightarrow}6{\rightarrow}8{\rightarrow}11{\rightarrow}14$
4	13	$4{\rightarrow}3{\rightarrow}6{\rightarrow}8{\rightarrow}12{\rightarrow}13$
4	14	$4{\rightarrow}3{\rightarrow}6{\rightarrow}8{\rightarrow}11{\rightarrow}14$

从表 7.6 可以看出，起点为 4，终点为 14 的最短路径包括了节点 3、6、8、11，路径为 $4{\rightarrow}3{\rightarrow}6{\rightarrow}8{\rightarrow}11{\rightarrow}14$，除源节点和目的节点外，节点跳数为 4。因此下面的分析中以上述路径为例进行路径恢复时延分析。

本节主要采用 Matlab 软件平台得到路径恢复时间，设定每跳节点的传输时延为 0.02ms，起点为节点 4，终点为节点 14，节点跳数为 5，第一跳节点链路断开路径恢复分析如表 7.7 所示。

表 7.7　第一跳节点链路断开路径恢复分析

断开链路情况	恢复时延/ms	路径寻找时间/ms	路径恢复部分
3→4	0.1	1.482	4→5→9→8→11→14
3→6	0.1	1.390	3→5→9→8→11→14
3→4,3→6	0.1	1.486	4→5→9→8→11→14
3→4,3→6,3→1/2/5	0.1	1.463	4→5→9→8→11→14
3→4,3→6,(3→1,3→2,3→5,任选两条)	0.1	1.476	4→5→9→8→11→14

由表 7.7 可知，断开的链路只要包括 3→4 链路时，即该链路为节点 3 在最短路径中的上链路，路径从节点 4 重新寻找节点 4 到节点 14 的最短路径，恢复时延均为 0.1ms，路径寻找时间变化较小。而断开链路只为 3→6 一条时，即该链路为节点 3 在最短路径中的下链路，路径从节点 3 重新寻找节点 3 到节点 14 的最短路径，恢复时延不变，路径寻找时间明显减小。

第二跳节点链路断开路径恢复分析如表 7.8 所示。

表 7.8　第二跳节点链路断开路径恢复分析

断开链路情况	恢复时延/ms	路径寻找时间/ms	路径恢复部分
6→3	0.1	1.382	3→5→9→8→11→14
6→8	0.08	1.272	6→9→8→11→14
6→3,6→8	0.1	1.379	3→5→9→8→11→14
6→3,6→8,6→2/9	0.1	1.365	3→5→9→8→11→14

由表 7.8 可知，同样当断开的链路为节点 6 在最短路径中的上链路，路径从节点 3 重新寻找节点 3 到节点 14 的最短路径，路径寻找时间变化较小。而断开链路只为 6→8 一条时，路径从节点 6 重新寻找节点 6 到节点 14 的最短路径，路径恢复时延及寻找时间减小。

第三跳节点链路断开路径恢复分析如表 7.9 所示。

表 7.9　第三跳节点链路断开路径恢复分析

断开链路情况	恢复时延/ms	路径寻找时间/ms	路径恢复部分
8→6	0.08	1.285	6→9→8→11→14
8→11	0.06	1.019	8→12→11→14
8→6,8→11	0.08	1.271	6→9→10→11→14
8→6,8→11,8→7/9/11	0.08	1.205	6→9→10→11→14
8→6,8→11,(8→7,8→9,8→11 任选两条)	0.08	1.235	6→9→10→11→14

由表 7.9 可知, 在第三跳节点断开链路包括 8→6 时, 重新寻找节点 6 到节点 14 的最短路径, 路径寻找时间在 1.2~1.3ms。而断开链路只为 8→11 一条时, 重新寻找节点 8 到节点 14 的最短路径, 路径寻找时间和恢复延时均最短。

第四跳节点链路断开路径恢复分析如表 7.10 所示。

表 7.10　第四跳节点链路断开路径恢复分析

断开链路情况	恢复时延/ms	路径寻找时间/ms	路径恢复部分
11→8	0.06	1.012	8→12→11→14
11→14	0.06	0.925	11→10→15→14
11→8,11→14	0.06	1.051	8→12→13→14
11→8,11→14,11→10/12	0.06	1.068	8→12→13→14

由表 7.10 可知, 在第四跳节点断开链路包括 11→8 时, 重新寻找节点 8 到节点 14 的最短路径, 路径寻找时间变化较小。而断开链路只为 11→14 一条时, 重新寻找节点 11 到节点 14 的最短路径, 路径寻找时间仍然是只断开下链路时最短, 恢复时延均为 0.06ms。

节点断开时路径恢复分析如表 7.11 所示。

表 7.11　节点断开时路径恢复分析

节点断开情况	恢复时延/ms	路径寻找时间/ms	节点位置	路径恢复部分
节点 3	0.1	1.422	第一跳	4→5→9→8→11→14
节点 6	0.1	1.220	第二跳	3→5→9→8→11→14
节点 8	0.08	1.049	第三跳	6→9→10→11→14
节点 11	0.06	0.906	第四跳	8→12→13→14

由表 7.11 可知, 断开节点为第一跳和第二跳时, 恢复时延均为 0.1ms, 为第三跳和第四跳时, 恢复时延分别为 0.08ms 和 0.06ms。随着节点跳数增加, 路径寻找时间逐渐减小。

综上所述, 相较于断开上链路, 断开下链路路径恢复时间更短, 且恢复时延不小于断开下链路时的恢复时延; 随着断开链路的节点跳数增大, 路径寻找时间减小, 恢复时延变小或者保持不变; 随着断开节点的跳数增加, 恢复时延整体减小, 路径寻找时间呈递减趋势。

参 考 文 献

[1] 赵太飞, 王玉, 高英英. 无线紫外光非视距通信网络的连通性能研究[J]. 光电子激光, 2015, 26(1): 68-74.

[2] ZHAO T, XIE Y, ZHANG Y, et al. Connectivity properties for UAVs networks in wireless ultraviolet communication[J]. Photonic Network Communications, 2018, 35(3):1-9.

[3] LI Y, NING J, XU Z, et al. UVOC-MAC: A MAC protocol for outdoor ultraviolet networks[C]. IEEE International Conference on Network Protocols, IEEE, Riverside, 2011:72-81.

[4] VAVOULAS A, SANDALIDIS H, VAROUTAS D, et al. Node isolation probability for serial ultraviolet UV-C multi-hop networks[J]. IEEE/OSA Journal of Optical Communications & Networking, 2011, 3(9):750-757.

[5] WANG L, LI Y, XU Z. On connectivity of wireless ultraviolet networks[J]. Journal of the Optical Society of America a Optics Image Science & Vision, 2011, 28(10):1970-1978.

[6] CHEN G, XU Z, DING H, et al. Path loss modeling and performance trade-off study for short-range non-line-of-sight ultraviolet communications [J]. Optics Express, 2009, 17(5): 3929-3940.

[7] PENROSE M D. On k-connectivity for a geometric random graph[J]. Random Structures & Algorithms, 1999, 15(2): 145-164.

[8] MAHDIRAJI G A, ZAHED I E. Comparison of selected digital modulation schemes (OOK, PPM and DPIM) for wireless optical communication[C]. Conference on Research Development, IEEE, Selangor, 2007: 5-10.

[9] PENROSE M D. On k-connectivity for a geometric random graph[J]. Random Structures & Algorithms, 1999, 15(2):145-164.

[10] CHEN G, ABOUGALALA F, XU Z, et al. Experimental evaluation of LED-based solar blind NLOS communication links[J]. Optics Express, 2008, 16(19):59-68.

[11] 王勇, 景艳玲. 紫外光通信中调制技术研究[J]. 激光杂志, 2014, 35(3):37-38.

[12] CHEN G, XU Z, DING H, et al. Path loss modeling and performance trade-off study for short-range non-line-of-sight ultraviolet communications[J]. Optics Express, 2009, 17(5): 3929-3940.

[13] HE Q, SADLER B M, XU Z. Modulation and coding tradeoffs for non-line-of-sight ultraviolet communications[J]. Proceedings of SPIE-the International Society for Optical Engineering, 2009, 7464: 74640H/1-74640H/12.

[14] BOUACHIR O, ABRASSART A, GARCIA F, et al. A mobility model for UAV ad hoc network[C]. International Conference on Unmanned Aircraft Systems, IEEE, Orlando, 2014:383-388.

[15] HYYTIA E, LASSILA P, VIRTAMO J. Spatial node distribution of the random waypoint mobility model with applications[J]. IEEE Transactions on Mobile Computing, 2006, 5(6): 680-694.

[16] 王伟, 蔡皖东, 王备战, 等. 基于圆周运动的自组网移动模型研究[J]. 计算机研究与发展, 2007, 44(6): 932-938.

[17] WANG W, GUAN X, WANG B, et al. A novel mobility model based on semi-random circular movement in mobile ad hoc networks[J]. Information Sciences, 2010, 180(3): 399-413.

[18] PENROSE M D. On k-connectivity for a geometric random graph[J]. Random Structures & Algorithms, 1999, 15(2):145-164.

[19] BETTSTETTER C. On the minimum node degree and connectivity of a wireless multihop network[C]. ACM Interational Symposium on Mobile Ad Hoc NETWORKING and Computing, MOBIHOC 2002, DBLP, Lausanne, Switzerland, 2002:80-91.

[20] BETTSTETTER C. On the connectivity of ad hoc networks[J]. Computer Journal, 2004, 47(4): 432-447.